超高层建筑高效建造指导手册

中国建筑第八工程局有限公司　编

阴光华　　马明磊　　马昕煦　主编

中国建筑工业出版社

图书在版编目（CIP）数据

超高层建筑高效建造指导手册/中国建筑第八工程
局有限公司编；阴光华，马明磊，马昕煦主编. —北京：
中国建筑工业出版社，2023.6
ISBN 978-7-112-28729-1

Ⅰ.①超… Ⅱ.①中… ②阴… ③马… ④马… Ⅲ.
①超高层建筑-工程施工-技术手册 Ⅳ.①TU974-62

中国国家版本馆 CIP 数据核字（2023）第 081794 号

本手册以天津周大福金融中心项目的工程建造经验为基础，分析超高层项目的典型特征，梳理工程
建设的关键线路，总结设计、采购、施工管理与技术难点。在全生命周期引入 BIM 技术辅助项目设计、
管理和运维，同时结合基于"互联网+"的信息化平台管理手段以及绿色建造方式，为超高层类工程
EPC 项目设计、采购、施工提供技术支撑，积极践行"高效建造，完美履约"。

本手册主要内容包括超高层工程概述、高效建造组织、高效建造技术、高效建造管理、超高层项目
验收、案例等内容。本书内容全面，可供建设行业相关从业人员参考使用。

本书图中除特别说明外，标高单位均为"m"，其余单位为"mm"。

责任编辑：王砾瑶　万　李　张　磊
责任校对：刘梦然
校对整理：张辰双

超高层建筑高效建造指导手册
中国建筑第八工程局有限公司　　编
阴光华　　马明磊　　马昕煦　主编

*

中国建筑工业出版社出版、发行（北京海淀三里河路9号）

各地新华书店、建筑书店经销

北京科地亚盟排版公司制版

建工社（河北）印刷有限公司印刷

*

开本：787毫米×1092毫米　1/16　印张：14½　字数：302千字

2023年6月第一版　　2023年6月第一次印刷

定价：**68.00**元

ISBN 978-7-112-28729-1

（41165）

本书编委会

主　编　阴光华　马明磊　马昕煦

编　委　亓立刚　白　羽　柏　海　蔡庆军　陈　刚
　　　　陈　华　陈　江　邓程来　葛　杰　韩　璐
　　　　黄　贵　林　峰　刘文强　马希振　隋杰明
　　　　孙晓阳　唐立宪　田　伟　叶现楼　于　科
　　　　詹进生　张　磊　张世阳　周光毅　张文津
　　　　王　康　张德财　欧亚洲　郑　巍

前　言

习近平新时代中国特色社会主义思想和党的二十大精神对决胜全面建成小康社会、夺取新时代中国特色社会主义伟大胜利作出了全面部署。党的二十大报告提出，"高质量发展是全面建设社会主义现代化国家的首要任务。发展是党执政兴国的第一要务"。中国特色社会主义进入新时代，我国经济已由高速增长阶段转向高质量发展阶段。

2016年2月6日，中共中央、国务院印发《关于进一步加强城市规划建设管理工作的若干意见》，其中第四方面"提升城市建筑水平"第十一条"发展新型建造方式"中指出"大力推广装配式建筑，减少建筑垃圾和扬尘污染，缩短建造工期，提升工程质量"，这是国家层面首次提出"新型建造方式"。新型建造方式是指在建筑工程建造过程中，贯彻落实"适用、经济、绿色、美观"的建筑方针，以"绿色化"为目标，以"智慧化"为技术手段，以"工业化"为生产方式，以工程总承包项目为实施载体，强化科技创新和成果利用，注重提高工程建设效率和建造质量，实现建造过程"节能环保，提高效率，提升品质，保障安全"的新型工程建设组织模式。

为适应行业发展新形势，巩固企业核心竞争力，结合超高层工程体量大、工期紧、质量要求高的特点，提出"高效建造、完美履约"的管理理念。在确保工程质量和安全的前提下，对组织管理、资源配置、建造技术等整合优化，全面推进绿色智能建造，使建造效率处于行业领先水平。施工总承包模式存在设计施工平行发包，设计与施工脱节，以及施工协调工作量大、管理成本高、责任主体多、权责不够明晰等现象，导致工期拖延、造价突破等问题。结合行业发展趋势，本手册主要阐述工程总承包模式下的高效建造。

本手册以天津周大福金融中心项目的工程建造经验为基础，分析超高层项目的典型特征，梳理工程建设的关键线路，总结设计、采购、施工管理与技术难点。在全生命周期引入BIM技术辅助项目设计、管理和运维，同时结合基于"互联网+"的信息化平台管理手段以及绿色建造方式，为超高层类工程EPC项目设计、采购、施工提供技术支撑，积极践行"高效建造，完美履约"。

本手册主要包括超高层工程概述、高效建造组织、高效建造技术、高效建造管理、超高层项目验收、案例等内容。项目部在参考时需要结合工程实际，聚焦工程履约的关键点和风险点，规范基本的建造程序、管理与技术要求，并从工作实际出发，提炼有效做法和具体方案。本手册寻求的是最大公约数，能够确保大部分超高层类工程在建造过程中实现"高效建造，完美履约"。我们希望通过本手册的执行，使超高层类项目建造管理工作得到持续改进，促进企业高质量发展。

由于编者水平有限，恳请提出宝贵意见。

目　　录

超高层工程概述

1.1 超高层建筑的功能组成和分类

超高层建筑按照主要功能分为超高层住宅和超高层城市办公综合体。

1.1.1 超高层住宅

超高层住宅是建筑高度大于 100m，具有居住功能的建筑。按照功能分为纯住宅和综合类住宅（与商业、酒店、办公等功能组合、综合管理），综合类住宅与超高层办公综合体类似，但是土地性质和主要功能不同（表 1.1.1-1、表 1.1.1-2）。

按照结构类型分类   表 1.1.1-1

剪力墙	框架—剪力墙	框架—核心筒	筒中筒
结构整体性强，侧向刚度大，抗侧性能好，结构变形呈弯曲型	承载能力较大，框架和剪力墙协同工作，框架主要承受竖向荷载，剪力墙承受水平荷载，结构变形呈复合型	受力特点类似于框架—剪力墙结构，利用核心筒的抗侧刚度来提高抗震性能。结构变形类似框架—剪力墙结构，但其抗侧刚度远大于框架—剪力墙结构	水平位移曲线呈弯剪型，抗侧刚度大于框架—核心筒结构体系

按照组合类型分类

表1.1.1-2

组合方式	塔式	单元式	通廊式
特征	建筑独立成栋	建筑通过单元组合在一起成为一栋楼	各户通过廊道相通，并通向楼梯、电梯
形态特征			

1.1.2 超高层城市办公综合体

1.1.2.1 基本概念

（1）超高层城市办公综合体以办公功能为主，融商业、酒店、公寓、公共设施等多项功能为一体，一般由超高层的塔楼和多层裙房所组成。它以多种功能竖向叠层式综合开发建设的方式为主要特征，突出超高尺度的塔楼建筑对城市的标志性意义，其建筑高度一般在250m以上。

（2）超高层城市办公综合体的建设一般选择在国际大都市，但随着经济的发展，超高层城市办公综合体已经向省会城市发展，个别副省级城市和地级市也在规划建设。其建筑高度愈来愈高，整体规模亦愈来愈大。随着技术的进步和人们对竖向高度挑战的渴望，超高层城市办公综合体的高度纪录不断地被打破。

（3）超高层城市办公综合体功能的综合性日趋多样化。娱乐、文化设施等内容开始加入，与零售商业的体验式消费形成一体，进一步强化了现代都市生活的多样性和活力。

1.1.2.2 超高层城市办公综合体特征

（1）超高层城市办公综合体一般坐落于城市核心区，有良好的公共交通支撑；

（2）建筑具有超高的形象，成为城市形象和活力的标志；

（3）超高层城市办公综合体一般应具有很好的城市开放空间，与城市的主要广场、步行街、公园等公共活动场所融为一体；

（4）超高层城市办公综合体垂直交通系统庞大而复杂，一般以树形交通形态解决上下交通的需求；

（5）鉴于建筑高度、规模和功能的复杂性，需进行专项论证和性能化分析，成为高新科技的集中体现，并且在高标准、高性能的建设要求下，也能成为新颖建材和设备的重点应用场所。

1.1.2.3 主要功能特点

见表 1.1.2-1。

主要功能特点   表 1.1.2-1

功能	设计特点
办公	1. 办公区域一般位于主体塔楼的中下部，标准为甲级办公楼，标准层面积较大，办公空间进深较普通办公楼深，其防火疏散和平面布局使用率与经济性是设计重点。 2. 办公区域应单独设置出入口和广场，保证满足其人车集散的需求且不受干扰。 3. 垂直交通分区域设置电梯组群，核心筒设计非常复杂
酒店	1. 酒店一般为中等规模高端商务酒店。 2. 酒店主要部分（如大堂、客房、餐饮、健身）通常位于主体塔楼上部，以充分利用超高层建筑景观高度的优势。 3. 酒店入口及广场与其他功能分开，酒店门厅和酒店大堂垂直分离，由穿梭电梯上下联系。 4. 酒店附属的高端商业设施不独立设置，一般借用裙房的零售商业，酒店的宴会厅、多功能厅一般也与商业设施结合在一起
商业	1. 商业以高端零售为主要业态，由一线品牌主力店组成。 2. 商业既是办公和酒店等功能的配套，也面向城市服务，是综合体与城市和社会交融的重要媒介。 3. 作为城市活力的体现，娱乐和文化等新功能开始加入，并与商业融合在一起，成为新的发展趋势
公寓	1. 以酒店式公寓或高级公寓为主要形式，追求套内的景观要求，对朝向要求不高；一般布置在主体塔楼的上部。 2. 与普通住宅的区别：套内空间要求更加完整，动静分区明确，厨房、卫生间可采用人工照明和机械排风。 3. 停车和入口与其他部分截然分开，强调自身的私密和安静

1.1.2.4 业态组合

超高层城市办公综合体具有功能复合化的特征。根据综合体的不同开发策略，办公、商业、酒店、公寓不同类型的功能相互结合，从而构成了不同组合类型的超高层城市办公综合体（图 1.1.2-1、图 1.1.2-2、表 1.1.2-2、表 1.1.2-3）。

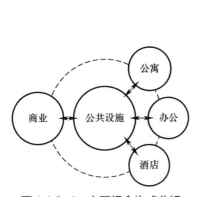

图 1.1.2-1 主要组合构成分析

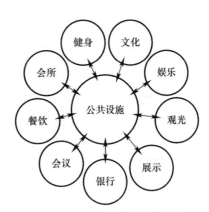

图 1.1.2-2 公共设施构成分析

业态组合类型分析表   表 1.1.2-2

类型	办公+酒店+商业	办公+公寓+商业	办公+公寓+酒店+商业	办公+酒店+公寓+商业
商业 办公 酒店 公寓				
组合特点	商务区超高层建筑的典型组合方式，裙房为商业，塔楼中低区为办公，高区为星级酒店，顶层为观光	该类型以办公为基础，在高区增加公寓功能	该类型功能较多，办公、酒店和公寓在塔楼中竖向分布，一般办公在低区或中区，公寓在中区，酒店在高区	该类型考虑到公寓的商业价值，将其安排在高区
示例	上海环球金融中心，上海	红豆国际广场，无锡	武汉中心，武汉	世茂国际中心，福州

业态组合特征表

表 1.1.2-3

商业	会议	办公	酒店	公寓	会所、高档餐厅、银行、俱乐部、健身、展馆	观光层
所需建筑面积较大，对外来人员流量大，位于综合体的租房和底部，便于直接对外经营，以发挥其最大的价值	可对内、对外灵活经营，短时间人流量很大，同时同人流量大的建筑需要较大的建筑面积，同时又需要无柱的高大空间，所以一般会位于综合体的租房面积，人数较多，需要设置大量的电梯进行人员的垂直运输	超高层综合体的主要构成业态，需要有一定进深的楼层面，所以一般会位于综合体综合的租房顶层或地下层，也便于提高其效率和减少后勤服务的运输距离	一般都位于超高综合体的低区和中区，以便在高区释放出电梯所占核心筒的面积，提高大楼面积的有效使用率和运行效率	公寓的要求跟酒店基本相同，也同样不需要大进深而位于建筑综合体的高区位置，其位置可以在酒店的上部，也有的在酒店的下部，根据市场的需求不同会有所不同。由于公寓大都会共用出入所不同。由于公寓大都会根据当地市场的最佳位置留给公寓。也有一些公寓归属于酒店式公寓，归属酒店统一管理，则跟酒店的客房楼层联系会更紧密	这是超高层建筑综合体主要基本业态的一些衍生功能场所，服务于整个大楼，用于提升大楼自身的品质和标准。这些功能区可以在大厦的低区（如银行、公共活动的健身中心、餐饮），也可以在大厦的转换层和顶层（会所、餐饮、俱乐部）	所需楼层的进深较小，但需要有较好的视野，人员密度不高，所需电梯的数量少于人员密集的办公楼层，所以一般均位于超高层综合体的高区，小进深而视野开阔，是高星级酒店的首选区位

1.2   超高层建筑的技术特点

（1）超高层建筑由于楼层数量较多，核心筒竖向交通需要考虑电梯服务的舒适度问题，重点考虑经济的电梯数量和载重量、停靠方式、电梯运行速度等。电梯停靠方式分为隔层停靠、分区停靠和设转换厅的方式停靠。

（2）超高层建筑由于消防救援较为困难，因此对建筑物自身的防火能力有较高的要求，因此对建筑防火措施的要求基本上都达到最高标准。超高层建筑防火类别为一类，耐火等级不小于一级。根据《建筑设计防火规范》GB 50016，超高层建筑都要设置避难层（间）。避难层间一般结合功能转换层进行设置。

（3）超高层建筑的结构荷载大，抗震要求高，结构体系比较复杂，结构构件截面尺寸相对较大，对建筑平面、剖面空间布局有一定影响；超高层建筑设计中应提前考虑结构选型与平面形状、尺度及层高的关系，合理进行平面布局。

（4）超高层建筑由于形高、体重，其基础不但要承受极大的垂直荷载，而且还要承受很大的水平荷载作用下产生的倾覆力矩和剪力。因此，超高层建筑对于地基及基础工程要求较高，要求沉降量较小，刚度大、变形小，防止基础倾覆和滑移及不均匀沉降。

（5）建造阶段应充分考虑超高层建筑部件及设备的清洁、本地检修、外运更换的方式，使之在设计使用年限内尽可能达到最佳的使用状态，有效地延长使用寿命。从而保证整个建筑体系的运行、管理顺畅，减少资源的额外损耗，提高经济效益。建筑设计阶段，对于建筑物、设备的维护和管理，应主要考虑大型设备的更换和运输，以及外围护结构的维护。

（6）超高层城市办公综合体塔楼的结构形式相对复杂。某些情况下，避难层／机电层设置有伸臂桁架。此时，塔楼设备运输的水平路径还需考虑其与桁架杆件的空间关系。

（7）超高层城市办公综合体幕墙面积大，离地高度大，其大面积幕墙必须用擦窗机来进行清洁、幕墙板块更换、装饰物体加固。

1.3   超高层建筑的高度标准

1.3.1   超高层建筑高度的界定和计算方法

超高层建筑的高度标准，各国的标准并没有统一的规定，且随着高层建筑的不断发展，不同国家和不同时期对超高层建筑高度的界定也不同。有关超高层建筑高度的界定，较为权威的有以下几个：

（1）安波利斯标准委员会（Emporis Standards Committee）认为，超高层建筑是"一个建筑高度至少为100m或330ft的多层建筑"。

（2）高层建筑暨都市集居委员会（Council on Tall Buildings and Urban Habitat，CTBUH）认为，300m（984ft）以上的为超高层建筑（supertall）。

（3）我国《民用建筑设计统一标准》GB 50352—2019将建筑高度在100m以上的民用建筑称为超高层建筑。

（4）日本《建筑基准法》规定，超过60m的属于超高层建筑，需通过高度结构安全性能检测审查。但100m以上还需要进行环境影响评估，一般将100m以上的定义为超高层建筑。

有关超高层建筑高度的计算方法，也存在纷争。CTBUH认为，大致包括以下几种：

（1）建筑顶部高度（Height to Architectural Top），指从建筑的最低、有效、露天行人入口的水平面到建筑顶部的高度，包括尖塔，但不包括天线、标志、旗杆等其他功能技术上的设备。

（2）最高使用层高度（Highest Occupied Floor），指从建筑的最低、有效、露天行人入口的水平面到建筑的最高使用楼层的高度。

（3）最高尖端高度（Height to Tip），指从建筑的最低、有效、露天行人入口的水平面到建筑最高点的高度，不论最高部分的材料或功能（包括天线、标志、旗杆等其他功能技术上的设备）。

以目前世界第一高楼迪拜的哈利法塔（Burj Khalifah）为例，按以上方法计算大楼高度分别为828、585和830m，如图1.3.1-1所示。

我国《民用建筑设计通则》GB 50352—2005将建筑高度的计算界定为：当为坡屋面时，应为建筑物室外设计地面到其檐口的高度；当为平屋面（包括有女儿墙的平屋面）时，应为建筑物室外设计地面到其屋面面层的高度；当同一建筑物有多种屋面形式时，建筑面积应按上述方法分别计算后取其中最大值。局部突出屋顶的瞭望塔、冷却塔、水箱间、微波天线间或设施、电梯机房、排风和排烟机房以及楼体出口小间，可不计入建筑高度内。

此外，CTBUH还给出了超高层建筑高度的测算方法，即假设办公、住宅/酒店、综合用途的层高分别为3.9、3.1和3.5m，层数为s，考虑楼层、设备层和屋顶高度，超高层建筑的高度测

图1.3.1-1　按照不同方式计算高度的哈利塔法

算方法分别如下。

1. 纯办公功能超高层建筑的高度约为

$H=3.9s+11.7+3.9（s/20）$

2. 住宅 / 酒店超高层建筑的高度约为

$H=3.1s+7.75+1.55（s/30）$

3. 综合用途或部分功能未知的超高层建筑的高度约为

$H=3.5s+9.625+2.625（s/25）$

1.3.2　高层建筑高度超限标准

根据《超限高层建筑工程抗震设防专项审查技术要点》（2015 年版），房屋高度超过表 1.3.2-1 规定的高层建筑工程需要开展超限高层抗震设防专项评审工作。

开展超限高层抗震设防专项评审工作房高标准（m）　　　　　表 1.3.2-1

结构类型		6 度	7 度（含 0.15g）	8 度（0.20g）	8 度（0.30g）	9 度
混凝土结构	框架	60	50	40	35	24
	框架—抗震墙	130	120	100	80	50
	抗震墙	140	120	100	80	60
	部分框支抗震墙	120	100	80	50	不应采用
	框架—核心筒	150	130	100	90	70
	筒中筒	180	150	120	100	80
	板柱—抗震墙	80	70	55	40	不应采用
	较多短肢墙	—	100	60	60	不应采用
	错层的抗震墙和框架—抗震墙	—	80	60	60	不应采用
混合结构	钢外框—钢筋混凝土筒	200	160	120	120	70
	型钢混凝土外框—钢筋混凝土筒	220	190	150	150	70
钢结构	框架	110	110	90	70	50
	框架—支撑（抗震墙板）	220	220	200	180	140
	各类筒体和巨型结构	300	300	260	240	180

注：当平面和竖向均不规则（部分框支结构指框支层以上的楼层不规则）时，其高度应比表内数值降低至少 10%。

2 高效建造组织

2.1 组 织 机 构

超高层项目对于城市建设发展意义重大，不仅可以提高容积率来实现土地的集约利用，通过超高层建造地标性建筑，打造城市新地标，提升城市形象，显示城市建设与发展的成绩；一定程度上也可以吸引一些品牌企业入驻，进而带动整个项目或区域企业的集聚，对于区域板块的城市竞争力提升会起到一定的积极作用。工程从调研立项、规划选址、方案论证优化到施工建设等阶段皆受到社会各界的广泛关注。超高层项目具有工期紧、质量要求高、体量大、造型复杂新颖等特点，平面管理及各项资源组织投入难度大。为保证总承包项目管理有效运行，工程建造全过程顺利开展，全面实现项目管理目标，优质高效地履行合同承诺，企业对项目采用矩阵式管理，工程总承包项目管理部采用直线型（或矩阵式）组织机构，项目部对项目质量、安全、进度、职业健康和环境保护目标负责。

为便于立面管理，在施工总体部署中可以将立面分为 n 个施工区域，每个区域管理职能：负责本区域内的施工生产、施工质量、施工进度管理工作，作为各专业工程管理部的延伸，其他资源仍由项目部层级统一管理与协调。

建议 300m 以下的超高层项目采用直线职能式项目管理组织机构模式，300m 及以上或超高层建筑群体工程采用矩阵式项目管理组织机构模式。

施工总承包管理模式采用图 2.1-1、图 2.1-2 所示的组织机构。

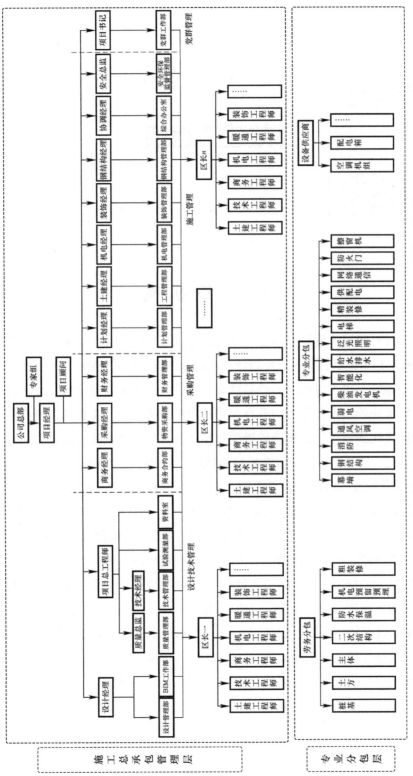

图 2.1-1 施工总承包管理模式直线职能式组织机构（高度 300m 以下）

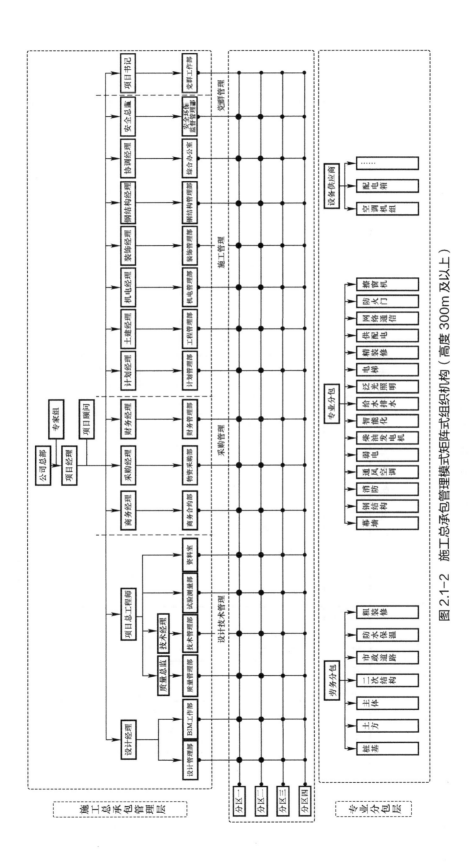

图 2.1-2 施工总承包管理模式矩阵式组织机构（高度 300m 及以上）

2.2　关键工期节点

超高层典型工期计划节点及前置条件见表 2.2-1。

超高层关键线路计划工期节点及前置条件

表 2.2-1

阶段	类别（关键线路工期）	穿插时间（d）	编号	管控级别	业务事项	节点类别	参考周期（d）	标准要求	设计单位前置条件	采购单位前置条件	建设单位前置条件	备注
设计阶段	方案及初步设计工期（由项目复杂程度和审批进度决定）	—	1	—	概念方案确定	工期	30~45	概念方案得到甲方、政府主管部门认可	—	—	组织概念方案评审活动	
		—	2	—	方案设计和文本编制	工期	30~60	按照国家设计文件深度规定完成报批方案文本编制（含估算）	概念方案确定	—	—	
		—	3	—	方案设计评审、修改与报批	工期	30~45	政府主管部门组织方案设计评审，修改通过后报批，拿到方案批复	方案设计文本编制完成	—	组织方案送审及报批	
		—	4	—	初步设计文件编制	工期	30~60	按照国家和地方初步设计编制深度（含概算）要求	取得方案批复	—	—	
		—	5	—	初步设计评审、各类专项评审与报批	工期	30~45	取得批复	初步设计文本编制完成	—	组织初步设计送审及报批	

续表

阶段	类别（关键线路工期）	穿插时间（d）	编号	管控级别	业务事项	节点类别	参考周期（d）	标准要求	设计单位前置条件	采购单位前置条件	建设单位前置条件	备注
设计阶段	施工图设计工期（-30~-60d）	-60	6	—	桩基施工图	工期	10	分批通过图审、满足施工需要的首批图纸	取得初步设计批复	—	—	
		-45	7	—	地下室部分施工图	工期	15	—	—	—	—	
		-30	8	—	地上主体部分施工图	工期	25	—	—	—	—	
		—	9	—	其余施工图分阶段出图（其余批次）	工期	按照工程筹划	通过图审、满足施工需要的其他图纸	—	—		
准备阶段	施工准备（15d）	0	10	2	控制点移交及复核	工期	1	完成控制点现场及书面移交，总包完成控制点复核及加密工作	用地红线及总平面规划图，建筑物轮廓边线及定位	—	控制点文件移交	
		-30	11	1	三通一平（通水、电、路，场地平整）	工期	30	现场施工临水、道路、临电布置完成，场内外交通顺畅	用地红线及总平面规划图，建筑物轮廓边线及定位	临时劳务队伍、钢筋、混凝土、模板等招采	施工总平面图审批	
		0	12	1	场区规划及临建搭设、临水临电设置	工期	15~60	具备开工条件	用地红线及总平面规划图，建筑物轮廓边线及定位	临时施工队伍相关材料招采	施工总平面图和临时布设方案审批	辅助工序根据需求
		0	13	1	工程桩试桩检测	工期	45	试桩施工完成并完成试验检测及数据校核工作	试桩设计类型和指标参数	桩基施工队伍和桩基主材招采	方案审批	

续表

阶段	类别(关键线路工期)	穿插时间(d)	编号	管控级别	业务事项	节点类别	参考周期(d)	标准要求	设计单位前置条件	采购单位前置条件	建设单位前置条件	备注
施工阶段(600d)	地基与基础(110d)	0	14	1	基坑支护	工期	90	支护及止水(若含止水帷幕)工作全部完成	基坑支护设计施工图	基坑支护、降水施工队伍和材料招采	方案审批	
		0	15	2	基坑降水施工	工期	—	包含降水井施工,降水布设、正常降水,回填完成后降水结束四个阶段	基坑降水设计施工图	基坑支护、降水施工队伍和材料招采	方案审批	辅助工序不占工期
		10	16	2	工程桩施工及检测	工期	100	根据工程实际与土方施工合理穿插,工程桩施工完成并完成桩间土开挖、桩头处理等工作	工程桩基设计施工图	桩基施工队伍、主材招采	方案审批	
		50	17	1	地基处理	工期	45	根据土质条件及设计要求完成相应类型地基处理	地基处理施工图	地基处理施工队伍及相关材料招采	方案审批	
		0	18	1	土方工程开挖(上)	工期	100	土方全部完成(含出土坡道部分)	地下结构施工图	土方施工队伍招集	方案审批	
		275	19	3	室内土方回填	工期	20	室内回填至施工图设计底板标高(含设备房回填)		土方、劳务施工队伍招集	方案审批	非关键线路

续表

阶段	类别（关键线路工期）	穿插时间（d）	编号	管控级别	业务事项	节点类别	参考周期（d）	标准要求	设计单位前置条件	采购单位前置条件	建设单位前置条件	备注
施工阶段（600d）	地基与基础（110d）	145	20	3	基础防水	工期	50	底板防水验收合格	地下室建筑施工图	防水施工队伍及相关材料招采	方案审批	
		110	21	2	底板工程	工程	70	地下室底板浇筑完成	地下室结构施工图，地下室电预理预留施工图	主体劳务施工队伍和结构主材招采	方案审批	
		125	22	1	地下室结构工程	工期	45	地下室顶板混凝土浇筑完成，正负零结构完成			—	
		200	23	3	地下室结构模板拆除	工程	40	地下室模板全部拆除完成	—	—	拆模审批	
	地下主体混凝土结构（70d）	209	24	3	出地下室顶板构筑物	工程	30	顶板构筑物浇筑完成	地下结构施工图	—	方案审批	非关键线路
		225	25	3	地下室外墙防水及保护墙	工程	50	外墙防水及保护墙完成，验收合格	地下室建筑施工图	防水施工队伍及相关材料招采	方案审批	非关键线路
		275	26	3	肥槽回填	工程	20	肥槽回填完成	地下室建筑施工图	—	方案审批	非关键线路
		265	27	3	地下室低压照明	工程	30	结构浇筑后启动临时照明	—	—	方案审批	非关键线路
		265	28	3	地下室有组织排水	工程	30	—	—	—	方案审批	

续表

阶段	类别（关键线路工期）	穿插时间（d）	编号	管控级别	业务事项	节点类别	参考周期（d）	标准要求	设计单位前置条件	采购单位前置条件	建设单位前置条件	备注
施工阶段（600d）	地下主体混凝土结构（70d）	265	29	3	地下室临时通风	工程	30	拆模后完成临时通风	—	—	方案审批	
		295	30	3	地下室二次结构砌筑抹灰	工程	60	主体结构验收完成后穿插展开砌筑抹灰	—	二次结构劳务施工队伍和结构主材招采	方案审批	
		355	31	3	地下室设备基础	工程	20	所有设备基础及埋件	—	设备选型完成	方案审批	
		—	32	3	爬架安装	工程	25	爬架安装完成	爬架深化图	爬架单位招采	方案审批	
	地上结构（1000d）	180	33	1	核心筒主体工程	工程	500	核心筒主体混凝土结构完成	地上结构施工图	主体劳务和结构主材招采	方案审批	
		450	34	2	外框主体工程	工程	540	外框混凝土结构完成	地上结构施工图	主体劳务和结构主材招采	方案审批	
		265	35	3	主体工程模板拆除	工程	40	—	—	—	方案审批	
		285	36	3	钢结构吊装准备	工程	30	深化设计达到加工要求、埋件安装完成、验收合格	钢结构施工图及深化设计图	钢结构专业分包招采	钢结构材料确认和钢结构施工方案审批	

续表

阶段	类别（关键线路工期）	穿插时间（d）	编号	管控级别	业务事项	节点类别	参考周期（d）	标准要求	设计单位前置条件	采购单位前置条件	建设单位前置条件	备注
施工阶段（600d）	地上结构（1000d）	225	37	3	钢结构加工排产	工程	150	钢结构构件排产完成，进行加工	钢结构施工图及钢结构深化设计图	钢结构专业分包招采	钢结构材料确认和钢结构施工方案审批	
		315	38	2	钢结构吊装	工程	500	—	—	—	方案审批	
		305	39	3	地上部分二次结构砌筑	工程	490	—	—	—	方案审批	
		350	40	3	地上内墙抹灰施工	工程	350	—	—	—	方案审批	
		380	41	3	地上设备基础施工	工程	150	—	—	—	方案审批	
	粗装饰（非关键线路）	375	42	3	地下各类设备用房装修	工程	45	—	全套建筑施工图及水暖电施工图	施工劳务队伍及相关材料招采	施工方案审批	非关键线路，灵活插入，但不能影响后续工作
		400	43	3	地上各类设备用房装修	工程	30	—			施工方案审批	
		375	44	3	人防门安装	工程	30	—			施工方案审批	
		355	45	3	地下室防火门/防火卷帘安装	工程	60	—			施工方案审批	

续表

阶段	类别（关键线路工期）	穿插时间（d）	编号	管控级别	业务事项	节点类别	参考周期（d）	标准要求	设计单位前置条件	采购单位前置条件	建设单位前置条件	备注
施工阶段（600d）	粗装饰（非关键线路）	355	46	3	地下室样板段施工	工程	20	—	全套建筑施工图，水暖电施工图	施工劳务队伍及相关材料招采	施工方案审批	非关键线路，灵活插入，但不能影响后续工作
		375	47	3	地下室顶棚、内墙装饰面施工	工程	60	—			品牌和样板确认，施工方案审批	
		435	48	2	地下室地面施工	工程	30	—			施工方案审批	
		465	49	3	地下室停车场划线	工程	30	—			施工方案审批	
		380	50	3	消防疏散楼梯间及前室墙面、地面、顶棚装饰	工程	45	—			施工方案审批	
		380	51	3	设备管井墙面、地面、顶棚装饰	工程	45	—			施工方案审批	
	电梯及机电设备安装（非关键线路）	350	52	2	电梯安装作业面移交	工程	15	电梯机房、电梯基坑、电梯井道砌筑及抹灰（若有）完成，相关部位尺寸复核完成，预留、预埋、检验复核合格，完成井道书面移交手续	电梯施工图和相关深化设计图	电梯专业分包及相关材料招采	施工方案审批	

续表

阶段	类别 (关键线路工期)	穿插时间 (d)	编号	管控级别	业务事项	节点类别	参考周期 (d)	标准要求	设计单位前置条件	采购单位前置条件	建设单位前置条件	备注
施工阶段 (600d)		365	53	2	消防电梯及货梯安装及调试验收、投入使用	工程	60	安装调试完成,临时投入使用,为现场外用临时电梯拆除创造条件。使用结束后正式验收完成并获得合格证	电梯施工图和相关深化设计图	电梯专业分包及相关材料招采	品牌样板和深化图纸确认、施工方案审批	
		365	54	2	观光电梯、餐梯安装及调试验收	工程	60	电梯相关部位尺寸复核完成,预留、预埋检验复核合格,完成书面移交手续				
	电梯及机电设备安装(非关键线路)	405	55	3	人防设备安装	工程	60	人防设备安装完成			—	
		295	56	3	地下室风管及水管安装	工程	90	所有机房外主管道施工完成			—	
		385	57	3	地下室调风管及空水管保温	工程	45	—	全套水暖电施工图纸及相关深化图纸	机电安装施工队伍及相关材料招采	—	
		305	58	3	地上风管及空调水管安装	工程	100	—			—	
		405	59	3	地上空调风管及水管保温	工程	45	—			—	
		295	60	3	地下室风机安装	工程	30	—			—	

续表

阶段	类别（关键线路工期）	穿插时间（d）	编号	管控级别	业务事项	节点类别	参考周期（d）	标准要求	设计单位前置条件	采购单位前置条件	建设单位前置条件	备注
施工阶段（600d）	电梯及机电设备安装（非关键线路）	425	61	3	精装区风机安装	工程	20	—			—	
		445	62	3	屋面（钢结构）风机安装	工程	15	—			—	
		445	63	2	屋面风冷热泵机组安装	工程	15	—			—	
		410	64	3	精装区空调设备安装（VIP房间、会议室作隔声处理）	工程	45	—			—	
		400	65	3	VRV多联式空调系统安装	工程	45	—	全套水暖电施工图纸及相关深化图纸	机电安装施工队伍及相关材料招采	—	
		405	66	3	风管末端风口安装	工程	95	—			—	
		400	67	3	精装区空调设备安装	工程	20	—			—	
		375	68	3	地下室空调机组安装	工程	40	—			—	
		375	69	2	制冷机房移交	工程	5	—			—	
		380	70	3	制冷机房管道及阀门安装	工程	30	—			—	
		410	71	2	制冷机房制冷主机等设备安装	工程	20	—			—	深化图纸、设备确认，施工方案审批

续表

阶段	类别（关键线路工期）	穿插时间（d）	编号	管控级别	业务事项	节点类别	参考周期（d）	标准要求	设计单位前置条件	采购单位前置条件	建设单位前置条件	备注
施工阶段（600d）	电梯及机电设备安装（非关键线路）	450	72	3	冷却塔安装	工程	30	—			—	
		480	73	2	空调系统调试	工程	20	—			—	
		305	74	3	给水管道安装	工程	60	—			—	
		305	75	3	污、废水排水管道安装	工程	60	—			—	
		375	76	3	水泵房及雨水回用设备安装（给水泵房、消防泵房、雨水回收泵房）	工程	60	—	全套水暖电施工图纸及相关深化图纸	机电安装施工队伍及相关材料招采	—	
		360	77	3	电加热锅炉安装	工程	5	—			—	
		388	78	3	空压机房内设备及管道安装	工程	20	—			—	
		305	79	3	压力排水、中水、热水管道安装（二次结构砌筑之后）	工程	60	—			—	
		405	80	3	重力排水（屋面结构之后）	工程	60	—			—	
		355	81	3	集水坑交叉（地下室二次结构砌筑之后）	工程	10	—			—	

续表

阶段	类别（关键线路工期）	穿插时间（d）	编号	管控级别	业务事项	节点类别	参考周期（d）	标准要求	设计单位前置条件	采购单位前置条件	建设单位前置条件	备注
施工阶段（600d）	电梯及机电设备安装（非关键线路）	365	82	3	污水泵安装（含提升系统）	工程	40	—	全套水暖电工图纸及相关深化图纸	机电安装施工队伍及相关材料招采	—	
		295	83	3	消防水管道安装	工程	120	—			—	
		355	84	3	报警阀室安装	工程	60	—			—	
		355	85	3	消火栓箱安装	工程	60	—			—	
		340	86	3	气体灭火管道安装	工程	45	—			—	
		405	87	3	气瓶间设备安装	工程	15	—			—	
		415	88	3	下引管及喷淋头安装	工程	100	—			—	
		355	89	3	消防水炮系统安装	工程	80	—			—	
		515	90	2	给水排水系统调试	工程	20	—			—	
		295	91	3	地下室照明系统安装、调试	工程	90	—			—	
		395	92	3	消防烟感、广播安装	工程	110	—			—	
		350	93	3	高低压配电房基础施工	工程	20	—			—	

续表

阶段	类别（关键线路工期）	穿插时间（d）	编号	管控级别	业务事项	节点类别	参考周期（d）	标准要求	设计单位前置条件	采购单位前置条件	建设单位前置条件	备注
施工阶段（600d）	电梯及机电设备安装（非关键线路）	370	94	2	高低压配电室移交	工程	10	—			—	
		380	95	2	高低压配电室安装	工程	60	—			—	
		350	96	3	配电箱安装	工程	80	全部安装并测试完成	全套水暖电施工图图纸及相关深化图纸	机电安装施工队伍及相关材料招采	—	
		295	97	3	室内强电系统线槽、管路安装及布线	工程	120	—			—	
		380	98	3	母线安装	工程	40	—			—	
		440	99	3	楼层配电箱送电	工程	15	—			—	
		440	100	3	EPS应急电源安装	工程	20	—			—	
		440	101	3	UPS不间断电源安装	工程	25	—			—	
		425	102	3	空气采样系统安装	工程	40	—	深化设计图纸	施工队伍及相关材料招采	深化图纸、设备确认、施工方案审批	非关键线路，灵活插入，但不能影响后续验收

续表

阶段	类别	穿插时间(d)	编号	管控级别	业务事项	节点类别	参考周期(d)	标准要求	设计单位前置条件	采购单位前置条件	建设单位前置条件	备注
施工阶段(600d)	(关键线路工期)	280	103	3	弱电桥架安装	工程	60	—				
		340	104	3	弱电线管安装、线缆敷设	工程	60	—				
		410	105	3	智能化通用系统设备安装及调试	工程	60	—				
	电梯及机电设备安装(非关键线路)	431	106	2	智能机房建设与设备安装及调试	工程	90	—	深化设计图纸	施工队伍及相关材料招采	深化图纸、设备确认,施工方案审批	非关键线路,灵活插入,但不能影响后续验收
		431	107	2	安防控制室及安防辅助用房机房建设与设备安装及调试	工程	90	—				
		431	108	2	弱电电池室设备安装及调试	工程	90	—				
		460	109	2	综合布线检测	工程	10	—				
		470	110	1	安防检测	工程	10	—				
		517	111	2	精装区声学检测	工程	10	—				
		460	112	2	智能化其他系统检测	工程	10	各系统测试完成并具备联动条件				

续表

阶段	类别	穿插时间(d)	编号	管控级别	业务事项	节点类别	参考周期(d)	标准要求	设计单位前置条件	采购单位前置条件	建设单位前置条件	备注
施工阶段(600d)	电梯及机电设备安装（关键线路工期）	511	113	1	消防联动调试	工程	30	消防联动调试完成并能正常投入运行	深化设计图纸	施工队伍及相关材料招采	深化图纸、设备确认，施工方案审批	非关键线路，灵活插入，但不能影响后续验收
	精装修工程（180d）	380	114	1	内装施工样板段封样确认	工期	30	施工完成，验收合格	精装修施工图及相关深化设计图	装饰精装修施工图及深化设计图	设计范围和风格确认，品牌样板确认，施工方案审批	—
		410	115	1	室内公共部分精装修	工期	90	施工完成，验收合格				—
		410	116	1	弱电机房建设与设备安装	工期	110	施工完成，验收合格				—
		375	117	2	幕墙及夜景照明样板段施工	工期	10	施工完成，验收合格				—
	外装施工（非关键线路）	385	118	3	幕墙类龙骨安装	工期	300	施工完成，验收合格	—	—	—	—
		445	119	3	幕墙安装	工期	600	施工完成，验收合格	—	—	—	—
		350	120	3	非幕墙类外墙保温层施工	工期	150	施工完成，验收合格	—	—	—	—
		225	121	3	吊篮搭设	工期	50	施工完成，验收合格	—	—	—	—
		475	122	3	吊篮拆除	工期	20	施工完成，验收合格	—	—	—	—

续表

阶段	类别（关键线路工期）	穿插时间（d）	编号	管控级别	业务事项	节点类别	参考周期（d）	标准要求	设计单位前置条件	采购单位前置条件	建设单位前置条件	备注
施工阶段（600d）	室外及市政配套工程（120d）	295	123	2	红线外市政施工	工期	60	红线电力、热力、给水、雨污水、电信等工程管道施工或设备安装完成，并连接至相应设备用房，包含专业分包单位施工内容	总平面图、园林景观施工图、室外市政管网图及相关深化设计图	室外工程专业分包、安装专业分包、园林景观绿化专业分包及相关深化设计图等招标完成	施工图纸及深化设计图审核，施工方案审批	
		430	124	2	红线内市政施工	工期	50	红线电力、热力、给水、雨污水、电信等工程管道施工或设备安装完成，并连接至相应设备用房，包含专业分包单位施工内容				
		480	125	1	雨污水正式接通	工期	10	雨污水系统达到排放条件				
		496	126	1	正式供水	工期	10	市政用水供至加压泵房或计量水表，随时具备使用或计量条件				
		517	127	1	正式供气	工期	10	通气至调压站，商铺厨房内管道完成至计量表				

续表

阶段	类别（关键线路工期）	穿插时间（d）	编号	管控级别	业务事项	节点类别	参考周期（d）	标准要求	设计单位前置条件	采购单位前置条件	建设单位前置条件	备注
施工阶段（600d）	室外及市政配套工程（120d）	440	128	1	正式通信	工期	10	电信机房安装完成，外部光纤接入机房，具备电话开通条件				
		476	129	1	正式供电	工期	10	外电通电至开闭所，送电至地下室设备房。竣工验收前3个月完成				
		430	130	2	景观及泛光照明样板段施工	工期	40	完成景观树形、冠形装修、硬质铺装样板段施工（样板段应包括所有材质铺装、典型花坛等代表性构件），铺装范围内应包含标志性花坛或景观造型一处	总平面图、园林景观施工图、室外市政管网图及相关深化设计图	室外工程专业分包、安装专业分包、园林景观绿化专业分包及相关深化设计图等招标完成	施工图纸及深化设计图审核，施工方案审批	
		430	131	2	室外基层	工期	40	景观工程硬质铺装垫层，消防道路基层、广场垫层等基层材料施工完成				
		430	132	2	海绵城市	工期	40	施工完成，验收合格				

续表

阶段	类别（关键线路工期）	穿插时间（d）	编号	管控级别	业务事项	节点类别	参考周期（d）	标准要求	设计单位前置条件	采购单位前置条件	建设单位前置条件	备注
施工阶段（600d）	室外及市政配套工程（120d）	490	133	2	安防、检测	工期	20	施工完成，验收合格				
		470	134	2	室外景观及泛光照明	工期	90	广场硬质铺装完成、广场夜景照明安装调试完成				
		470	135	1	室外栏杆安装	工期	90	室外栏杆及收边完成				
		470	136	2	景观绿化	工期	90	乔木种植完成，所有苗木、地被种植完成，小品、雕塑安装完成	总平面图、园林景观施工图、室外市政管网图及相关深化设计图	室外工程专业分包、安装专业分包、园林景观绿化专业分包及相关深化设计图等招标完成	施工图纸及深化设计图审核，施工方案审批	
		410	137	2	导向标识	工期	90	完成与消防有关的导视、完成所有导视标识安装调试				
		540	138	1	市政道路正式开通	工期	20	路面沥青相油完成，具备通车条件，沥青面层完成				
验收阶段（60d）	过程分段验收（60d）	252	139	1	地基与基础验收	取证验收	5	取得相关验收合格单	提供相关验收报告	—	提供相关验收报告	
		349	140	1	主体结构验收	取证验收	5	取得相关验收合格单				

续表

阶段	类别 (关键线路工期)	穿插时间(d)	编号	管控级别	业务事项	节点类别	参考周期(d)	标准要求	设计单位前置条件	采购单位前置条件	建设单位前置条件	备注
验收阶段(60d)	过程分阶段验收(60d)	505	141	2	幕墙子分部工程验收	取证验收	10	取得相关验收合格单	提供相关验收报告	—	提供相关验收报告	
		485	142	2	钢结构子分部工程验收	取证验收	10					
		390	143	2	人防结构专项验收	取证验收	10					
		480	144	2	市政管网验收	取证验收	15					
		455	145	2	锅炉房验收	取证验收	5					
		475	146	2	防雷验收	取证验收	15					
		526	147	2	规划验收	取证验收	15					
		393	148	2	节能验收	取证验收	15					
		526	149	2	环境验收	取证验收	15					
		450	150	2	人防工程专项验收	取证验收	15					
		521	151	1	安防验收	取证验收	5					
		456	152	2	电检、消检	取证验收	20					

续表

阶段	类别（关键线路工期）	穿插时间（d）	编号	管控级别	业务事项	节点类别	参考周期（d）	标准要求	设计单位前置条件	采购单位前置条件	建设单位前置条件	备注
验收阶段（60d）	过程分阶段验收（60d）	520	153	1	消防验收（大证）	取证验收	10	取得相关验收合格单	提供相关验收收报告	—	提供相关验收收报告	
		525	154	2	竣工预验收	取证验收	5					
		530	155	3	竣工预验收，整改	取证验收	10					
		520	156	2	提交《竣工验收申请报告》	取证验收	5					
		541	157	2	正式竣工验收	取证验收	5					
	备案移交	546	158	2	备案、档案馆资料正式移交	工期	30	档案馆资料正式接收	提供相关审图报告	—	提供国有土地使用权证、建设用地规划许可证、建设工程规划许可证等，监理单位验收归档资料	地方档案馆
		576	159	1	移交	工期	30	正式移交建设单位或其相关部门，书面会签完成	—	—	—	使用单位

2.3 设 计 组 织

1. 设计目标

1）满足业主招标文件总承包设计管理的要求。

（1）总承包方组织协调各专业分包商制订设计方案或实施细则。监督各专业分包商设计进度且对其设计进行审批。

（2）总承包方应协调、管理及审核各专业分包商和专业供应商的设计及施工工艺。

（3）总承包方编制设计文件，负责合同约定范围内所有专业的设计工作，承担相应专业范畴内的全部技术责任，无偿为其他相关单位提交最新版的设计条件、图纸或模型，对与其他专业连接界面的做法进行设计。

（4）总承包方应具有应用 BIM 系统的能力。

2）充分发挥总承包企业技术优势，通过设计管理，组织协调合同约定范围内的所有设计工作，满足必要的施工和结构安全及使用功能的要求。

3）通过设计管理，充分保证业主的利益。

2. 设计管理思路

应针对由国内施工的建设规模相对较大、技术含量较高、各专业关系错综复杂、原设计图纸还不能完全满足施工需要的工程项目进行设计管理。

为了各专业的深化设计有序开展，在总承包管理项目部设置深化设计部，由经验丰富和执行力强的深化设计管理团队组成，除负责合同约定的工作内容的深化设计外，还负责对各专业分包以及独立承包商、独立供应商深化设计的管理和方案进行初审，承担深化设计管理工作。

一般业主提供的图纸不能完全满足施工的需要，大量深化设计工作需要在施工阶段完成，土建、钢结构、精装修、机电工程体量大，施工技术和工艺流程复杂。因此，总承包在施工阶段进行的深化设计协调工作对工程的进度和质量目标的实现具有非常重要的作用。

总承包设计管理界面划分见表 2.3-1。

3. 设计管理体系

按照设计管理责任与分工要求，由设计及设计顾问、相关设计院和设计技术专家顾问、监理单位专业工程师、总承包项目经理和总工、设计部经理和设计部设计工程师及各专业设计人员组成设计管理体系（图 2.3-1）。

总承包设计管理界面划分

表 2.3-1

序号	划分内容	发包方	设计及设计顾问	QS顾问	监理	总承包方	综合机电方	专业工程分包商	独立承包商	独立供应商
1	提供施工图并编制深化设计指引	△	▲		△					
2	组织、协调各相关的专业工程分包或单位制订深化设计方案或实施细则，负责深化设计进度管理和总体技术统筹，其中，机电类工程（包含弱电、泛光照明及消防）的相关深化设计管理及技术协调由机电专业主承包负责	★	★		★	△	▲	△	△	△
3	编制深化设计文件，负责合同约定范围内的所有专业深化设计工作，承担相应专业范围内的全部技术责任，无偿为其他相关单位提交最新版的设计条件图纸或模型，对与其他专业连接界面进行深化设计	△	★			▲★	▲	▲	▲	▲
4	综合平面图，并获得设计单位盖章认可	★	★		★	▲	△	△	△	△
5	机电综合管线图（包括机电工程所有专业的综合管线，包括不限于给水排水、通风空调、电气、建筑智能化、燃气、消防等专业）深化设计，并获得设计单位盖章认可	★	★		★	△	▲	△	△	△
6	对各专业之间的专业工程分包商和专业供应商深化设计、施工工艺进行协调、管理和审核				△	▲	△	△	△	△
7	对设备、材料的选用、质量标准提供意见	★	▲		△	△	△	△	△	△
8	深化设计审批和会签	★	▲		△	△	△	△	△	△
9	深化设计交底	△	★		▲	△	△	△	△	△
10	BIM正式建模	★	△	△	△	△	△	△	△	△
11	BIM系统应用	★	△	△	★	△	△	△	△	△
12	深化图、制作图的出图计划	★			★	▲	△	△	△	△

说明：★＝审查/批准，▲＝负责/执行，△＝配合/参与。

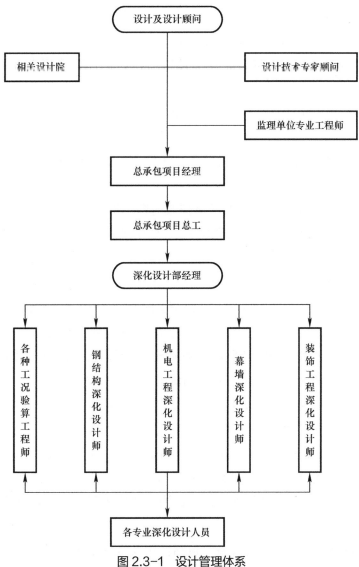

图 2.3-1 设计管理体系

4. 设计管理职责

1）总承包商的责任

（1）确保施工按照适当的技术规范、合同图纸的指令、业主进一步签发的图纸和指令及已确认的送审文件的要求进行。

（2）建立并坚持详细的符合逻辑的施工顺序或程序。

（3）确保所有送审的资料按照资料表要求的程序编制。

（4）在实施工程之前检查合同图纸及业主进一步签发的图纸和指令，查看是否有不符合要求之处。

（5）获取施工图草图及屋宇装备配合工程图草图。

（6）绘制协调图草图，检查图纸间以及同业主、总承包商或任何分包商设计的工程之间的协调性。确定冲突或不协调之处并通知业主。

（7）决定克服冲突或不协调的方法，修改施工图草图、屋宇装备配合工程图草图及协调图草图。

（8）确保各工程单元之间留有适当的空间，以便以后按照相关的技术规范对工程进行维护。

（9）绘制或获取施工图及屋宇装备配合工程图，加入协调后的所有修改内容，并交业主确认。

（10）绘制协调图，加入协调后的所有修改内容，并交业主确认。确定此图中各工程单元间的冲突或不协调之处，将冲突或不协调之处连同解决冲突或不协调而拟订的设计修改同时列明。

（11）解决冲突和不协调时，联络业主。

（12）施工图、楼宇装备配合工程图及协调图的尺寸应得到业主的同意。

（13）施工图、楼宇装备配合工程图及协调图的布局应标明刻度。

（14）施工图、楼宇装备配合工程图及协调图应清晰，包括剖面图及详细节点图。

（15）按照要求获取产品数据并交业主确认。

（16）向相关单位呈交竣工图，包括任何修改或重新提交的资料由业主确认。

（17）根据政府部门、市政工程部门、顾问及业主代表的要求安排所有必要的检查。

（18）根据施工进度表标明的日期安排所有机电设备、机械和设施的测试及使用，以书面形式通知业主上述测试及使用的实际开始日期，并相应通知业主参加观看。

（19）在不影响上述通则的情况下，确保测试及使用程序按照各自相应的安装要求进行。

（20）安排各分包商验收交付设备，包括使用及维修手册，训练员工运作及维修的文件。

2）专业分包商的设计责任

（1）各分包商须设立一处独立架构，配置适当资历人员，专门进行各分包的深化设计。

（2）编制分包机电深化设计计划。

（3）监察分包专业的深化设计进度，包括图纸的送审。

（4）在深化设计进程中如有影响进度的情况，协调有关单位修订深化设计计划。

（5）对于总包和分包的深化设计进度延误，及时作出记录。

5. 设计图纸审批流程

1）设计分类（表2.3-2）

设 计 分 类　　　　　　　　　　　　　表 2.3-2

序号	类别	范围	内容提示
1	A类	设计—施工总承包项目,由总承包单位负责的施工图设计	结构施工图、机电施工图、装饰施工图等
2	B类	施工总承包项目,发包人提供的设计图纸不能满足施工需要而直接由施工方负责或委托专业分包进行的深化设计	基坑止水帷幕设计、土建结构施工节点图和详图、钢结构深化设计、幕墙深化设计、智能项目深化设计、装饰装修深化设计等
3	C类	工程施工过程中为满足施工要求,由施工方所进行的深化设计	施工翻样图、预留预埋深化图、复杂结构空间关系图、机电项目综合排布图、装饰施工排版图等
4	D类	发包人指定分包进行、施工方配合管理的设计	—

2）设计图纸审批流程

A、B类设计管理流程见图 2.3-2,C、D类设计管理流程见图 2.3-3。

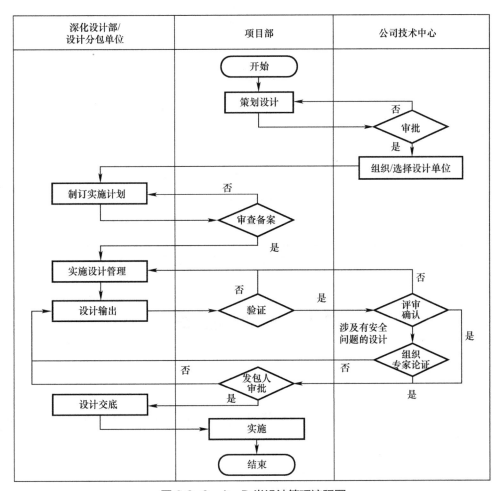

图 2.3-2　A、B类设计管理流程图

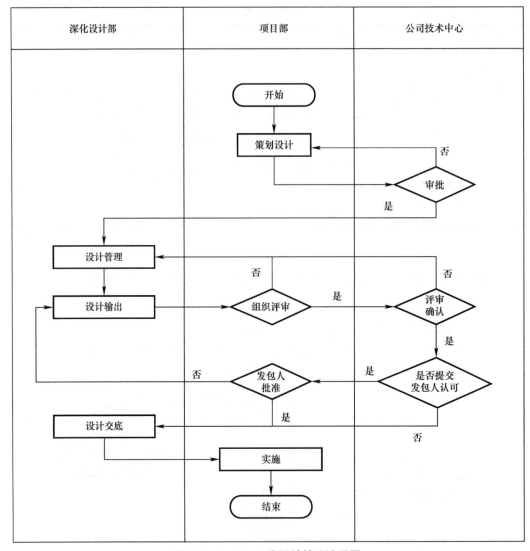

图 2.3-3 C、D 类设计管理流程图

2.4 采 购 组 织

2.4.1 采购组织机构

采购组织机构基于"集中采购、分级管理、公开公正、择优选择、强化管控、各负其责"的原则，实施"三级管理制度"（公司层、分公司层、项目层），涵盖全采购周期，从根本上保障采购管理工作的有序开展。公司层级以决策为主，分公司层级以组织招采为主，项目部以协助完成招采全周期工作为主。采购组织机构见图 2.4.1-1。

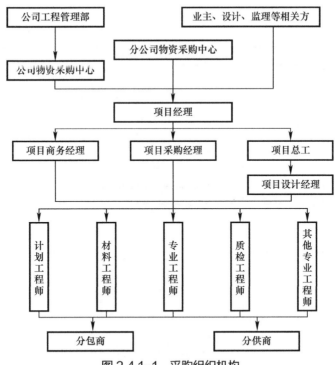

图 2.4.1-1　采购组织机构

2.4.2　岗位及职责

采购组织机构岗位及职责划分见表 2.4.2-1。

采购组织机构岗位及职责

表 2.4.2-1

序号	层级	岗位	主要职责
1	公司	总经济师	1）指导采购概算和采购策划审批。 2）对接发包方高层
2	公司	物资部经理	1）组织编制采购策划。 2）协调企业内、外采购资源整合。 3）审批招标文件、物资合同等相关招采事项
3	分公司	总经济师	1）组织完善采购概算和目标。 2）参与编制采购策划。 3）供应商考察入库。 4）审批中标供应商及相关招采事项
4	分公司	物资部经理	1）组织考察供应商，采购资源整合。 2）牵头组织招采工作。 3）监督项目物资工作开展和采购计划落地实施情况
5	项目部	项目经理	1）负责落实采购人员配备。 2）协调落实采购策划。

序号	层级	岗位	主要职责
5	项目部	项目经理	3）对接发包方成本分管领导。 4）协调设计、采购、施工体系联动
6	项目部	总工程师	1）负责对物资招采提供技术要求。 2）负责物资招标过程中的技术评标和技术审核。 3）负责完成大型机械设备的选型和临建设施的选用。 4）协助合同履行及物资验收工作
7	项目部	商务经理	1）负责物资预算量的提出。 2）负责物资招采控制价的提出。 3）参与物资采购策划编制。 4）负责合同外物资的发包方认价。 5）负责物资三算对比分析
8	项目部	设计经理	1）负责重要物资技术参数的入图。 2）负责对物资招采提供技术要求。 3）负责新材料、新设备的选用。 4）负责控制物资的设计概算。 5）负责物资的设计优化，提高采购效益
9	项目部	采购经理	1）配合分公司完成招采工作，负责项目部发起的招采工作。 2）负责完成采购策划、采购计划的编制和过程更新，参与项目整体策划。 3）负责与设计完成招采前置工作、采购创新创效工作。 4）负责控制采购成本，严把质量关。 5）负责物资的节超分析、采购成本的盘点。 6）负责物资的发包方认价工作及物资品牌报批。 7）负责组织编制主要物资精细化管理制度、项目物资管理制度，参与总承包管理手册编制。 8）定期组织检查现场材料耗用情况，杜绝浪费和丢失现象；贯彻执行上级物资管理制度，制订、完善并落实项目部的物资管理实施细则。 9）负责协调分区项目部物资工作，制订具体人员分工，全面掌控物资管理工作。 10）负责及时提供工程物资市场价格，为项目标价分离提供依据。 11）配合或参加公司／分公司物资集中招标采购，组织物资采购／租赁合同在项目部的评审会签及交底，建立项目部物资合同管理台账。 12）负责组织物资人员配合商务经理做好对发包方的材料签证工作，按时向商务经理、成本会计提供成本核算及成本分析所需的数据资料。 13）负责监管项目整体物资的调剂及调拨工作。 14）负责监督信息化平台上线及录入工作。 15）负责监督整个项目物资统计工作，计划、报验、报表、信息系统上传、资料整理归档。 16）配合技术质量部门完成施工组织设计、施工方案。 17）组织项目剩余废旧物资的调剂、处理工作。 18）负责组织整个项目所有材料的进场、验证、现场管理、退场工作，做好整体管控工作，参加项目物资月度、半年、年度盘点，负责审核分区材料工程师编制的各种报表、资料

续表

序号	层级	岗位	主要职责
10	项目部	材料工程师（材料主管）	1）按照物资采购计划，合理安排物资采购进度。 2）参与物资的招采工作，收集分供力资料和信息，做好分供力资料报批的准备工作。 3）负责物资的催货和提运。 4）负责施工现场物资堆放和储运、协调管理。 5）负责物资的盘点、进出场管理。 6）负责对分包商的物资管控。按规定建立物资台账，负责进场物资的验证和保管工作。 7）负责进场物资的标识。 8）负责进场物资各种资料的收集和保管。 9）负责进退场物资的装、卸、运工作。贯彻执行上级物资管理制度，制订、完善并落实分区域的物资管理实施细则。 10）参与项目整体策划及物资管理策划。 11）参与公司/分公司物资集中招标采购，组织物资采购/租赁合同在项目部的评审会签及交底。 12）负责向商务经理、成本会计提供成本核算及成本分析所需的数据资料。 13）负责监督分管区域物资统计工作，计划、报表、信息系统上传、资料整理归档及交接记录工作。 14）负责组织分管区域所有材料进场、验证、现场管理、退场工作，做好整体管控工作，参加项目物资月度、半年、年度盘点，负责审核材料工程师编制的各种物资盘点资料
11	项目部	计划工程师	1）负责工期总计划编制和更新，结合工期节点，制订物资进场时间节点。 2）负责物资需用计划编制。 3）负责物资进场计划的管控。 4）配合采购经理完成采购计划编制和过程更新
12	项目部	专业工程师	1）负责物资需用计划编制。 2）辅助编制采购计划，并满足工程进度需要。 3）负责物资签订技术文件的分类保管，立卷存查
13	项目部	质检工程师	1）负责按规定对本项目物资的质量进行检验，不受其他因素干扰，独立对产品做放行或质量否决，并对其决定负直接责任。 2）负责产品质量证明资料评审，填写进货物资评审报告，签章认可后，方可投入使用
14	项目部	其他专业工程师	1）参与大型起重设备、安全等特殊物资的招采工作。 2）参与大型起重设备、安全等特殊物资的验收

2.4.3 材料设备采购总流程

材料设备采购总流程见图 2.4.3-1。

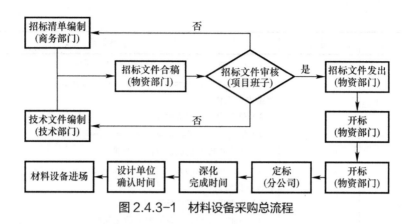

图 2.4.3-1　材料设备采购总流程

2.4.4　材料设备采购清单

采购物资、设备分 A、B、C 类，A 类加工周期较长（生产周期 30d 以上的超高层常用特有材料），对工期影响较大，B 类采购选择面小，C 类为常规材料、设备。具体见表 2.4.4-1～表 2.4.4-3。

超高层常用材料

表 2.4.4-1

序号	施工阶段	材料类别	材料名称	分类	加工周期（d）	以往项目采购品牌	厂家	使用工程名称	采购数量	备注
1	主体结构施工阶段	混凝土结构	商品混凝土	C	—	华西	重庆华西易通商品混凝土有限公司	重庆来福士广场项目施工总承包工程（B标段）	91042.1m³	
2				C	—	中冶建工	中冶建工集团有限公司混凝土工程分公司	重庆来福士广场项目施工总承包工程（B标段）	67249.5 m	
3				C	—	固立	重庆市固立建材有限公司	重庆来福士广场项目施工总承包工程（B标段）	5774.5 m³	
4				C	—	重庆建工	重庆建工新型建材有限公司	重庆来福士广场项目施工总承包工程（B标段）	4980.5 m³	
5				C	1	富兴	青岛中建富兴商混凝土有限公司	青岛国际啤酒城改造项目T₁、T₂楼工程	4万 m³	
6				C	1	中联	青岛中联混凝土工程有限公司	海天大酒店改造项目（海天中心）一期工程	202621 m³	
7				C	—	山水	山东水泥厂有限公司	绿地山东国际金融中心	8万 m³	
8			抗渗混凝土	B	2	天荣祥、山水、瑞源	济南天荣祥混凝土有限公司、山东水泥厂有限公司、山东瑞源混凝土有限公司	山东黄金国际广场	2万 m³	
9			细石混凝土	B	2	天荣祥、山水、瑞源	济南天荣祥混凝土有限公司、山东水泥厂有限公司、山东瑞源混凝土有限公司	山东黄金国际广场	4万 m³	

续表

序号	施工阶段	材料类别	材料名称	分类	加工周期(d)	以往项目采购品牌	厂家	使用工程名称	采购数量	备注
10	主体结构施工阶段	混凝土结构	C50高强混凝土	B	2	四建、山水	济南四建(集团)有限责任公司混凝土搅拌中心、山东水泥厂有限公司	山东黄金国际广场	0.15万m³	
11			C60高强混凝土	B	2	四建、山水	济南四建(集团)有限责任公司混凝土搅拌中心、山东水泥厂有限公司	山东黄金国际广场	0.2万m³	
12			钢筋	A	30	莱钢永锋	山东莱钢永锋钢铁有限公司	青岛国际啤酒城改造项目T₁、T₂楼工程	2万t	
13				A	30	诸城市物联金属材料有限公司	诸城市物联金属材料有限公司	海天大酒店改造项目(海天中心)一期工程	30571.349t	
14				A	30	—	五矿钢铁天津有限公司	天津周大福金融中心项目	9962t	
15		钢结构	铝合金模板	A	40	规矩	唐山市规矩铝模板有限公司	5A商务办公楼等3项	2100m²	
16			钢构件	A	—	—	浙江精工钢结构集团有限公司	重庆来福士广场项目施工总承包工程(B标段)	14270t	
17				A	—	—	江苏沪宁钢机股份有限公司	重庆来福士广场项目施工总承包工程(B标段)	21589t	
18			扭剪型高强螺栓	A	—	—	杭州鼎铭尚实业有限公司	重庆来福士广场项目施工总承包工程(B标段)	52028套	
19				A	—	—	山东美陵化工设备股份有限公司	重庆来福士广场项目施工总承包工程(B标段)	137559套	

续表

序号	施工阶段	材料类别	材料名称	分类	加工周期(d)	以往项目采购品牌	厂家	使用工程名称	采购数量	备注
20	主体结构施工阶段	钢结构	滑动支座	A	—	—	丰泽智能装备股份有限公司	重庆来福士广场项目施工总承包工程（B标段）	571套	
21			栓钉	A	—	—	杭州鼎铭尚实业有限公司	重庆来福士广场项目施工总承包工程（B标段）	181477颗	
22			栓钉	A	—	—	河北辰龙紧固件制造有限公司	重庆来福士广场项目施工总承包工程（B标段）	1463831颗	
23			压型钢板	A	—	—	行家钢承板（苏州）有限公司	重庆来福士广场项目施工总承包工程（B标段）	103041m²	
24		砌体	BM连锁砌块	A	30	—	北京益恒兴新型建材有限公司	重庆来福士广场项目施工总承包工程（B标段）	15200m³	
25			砌块	A	30	—	天津市固丽特建材有限公司	天津周大福金融中心项目	1.3万m³	
26			砂石料	A	30	—	天津隆盛鸿福商贸有限公司	天津周大福金融中心项目	7846t	
27	二次结构		砂加气AAC	A	3	捷能	青岛市捷能新型材料有限公司	青岛国际啤酒城改造项目T₁、T₂楼工程	6000m³	
28			加气块	A	3	鼎悦安达	青岛鼎悦安达商贸有限公司	青岛国际啤酒城改造项目T₁、T₂楼工程	4770m³	
29			加气块	A	3	青岛新川崎建材有限公司	青岛新川崎建材有限公司	海天大酒店改造项目（海天中心）一期工程	17132.9m³	
30		隔墙	轻质隔墙板ALC	A	3	德信源	青岛德信源墙体材料有限公司	青岛国际啤酒城改造项目T₁、T₂楼工程	19563m²	

续表

序号	施工阶段	材料类别	材料名称	分类	加工周期（d）	以往项目采购品牌	厂家	使用工程名称	采购数量	备注
31	二次结构	隔墙	ALC	A	3	青岛百溪商贸有限公司	青岛百溪商贸有限公司	海天大酒店改造项目（海天中心）一期工程	2837.446m³	
32			ALC板材墙体	A	30	—	山东领卓建筑装饰工程有限公司	山东黄金国际广场	4000m²	
33		人防工程	人防门	A	30	山东中昊	山东中昊轻钢股份有限公司	山东黄金国际广场	100樘	
34			防火门	A	30	青岛牧城门业集团有限公司	青岛牧城门业集团有限公司	海天大酒店改造项目（海天中心）一期工程	9000樘	
35		消防工程	异形防火卷帘	A	50	—	亚萨合莱天明（北京）门业有限公司	天津周大福金融中心项目	1.16万 m²	
36				A	60	森宇	上海森宇电气有限公司	天津周大福金融中心项目	12樘	
37	安装阶段	电气	钢制接线盒	C	7	邦征	青岛邦征线管桥架有限公司	青岛国际啤酒城改造项目 T_1、T_2 楼工程	40000个	
38			镀锌钢管	C	7	友发	天津友发钢管集团股份有限公司第一分公司	青岛国际啤酒城改造项目 T_1、T_2 楼工程	20000m	
39			电线电缆	A	60	上海浦东	上海浦东电缆有限公司	天津周大福金融中心项目	45000 m	
40			母线槽	A	45	—	镇江市飞航电气有限公司	山东黄金国际广场	2560m	
41			桥架	A	30	—	江苏宏强电气有限公司	山东黄金国际广场	40000m	
42			槽式防火桥架	C	14	鑫马	上海鑫马导线桥架有限公司	青岛国际啤酒城改造项目 T_1、T_2 楼工程	5000m	

续表

序号	施工阶段	材料类别	材料名称	分类	加工周期（d）	以往项目采购品牌	厂家	使用工程名称	采购数量	备注
43	安装阶段	电气	柔性接口铸铁排水管	C	30	泫氏	山西泫氏实业集团有限公司	青岛国际啤酒城改造项目 T₁、T₂ 楼工程	1200m	
44		给水排水	阀门	A	30	金洲	浙江金洲管道科技股份有限公司	山东黄金国际广场	670 个	
45			衬塑钢管	A	30	—	浙江金洲管道科技股份有限公司	山东黄金国际广场	17600m	
46	装饰装修	防水	防水涂料	—	—	东方雨虹	北京东方雨虹防水技术股份有限公司	重庆来福士广场项目施工总承包工程（B 标段）	1000 桶	
47			3mm 厚改性沥青自粘防水卷材	A	40	科顺	广东科顺防水材料料有限公司	青岛国际啤酒城改造项目 T₁、T₂ 楼工程	1 万 m²	
48			3mm 厚 SBS 改性沥青防水卷材	A	40	东方雨虹	北京东方雨虹防水技术股份有限公司	青岛国际啤酒城改造项目 T₁、T₂ 楼工程	2 万 m²	
49			4mm 厚聚酯胎 SBS 改性沥青防水卷材	A	40	宏源	潍坊市宏源防水材料有限公司	海天大酒店项目（海天中心）一期工程	17000m²	
50			4mm 厚弹性体（SBS）改性沥青化学耐根穿刺防水卷材	A	40	宏源	潍坊市宏源防水材料有限公司	海天大酒店改造项目（海天中心）一期工程	3000m²	
51			4mm 厚铜复合胎 SBS 改性沥青耐根穿刺防水卷材	A	40	宏源	潍坊市宏源防水材料有限公司	海天大酒店改造项目（海天中心）一期工程	4500m²	
52			4mm 厚自粘聚合物改性沥青防水卷材（聚酯胎）	A	40	宏源	潍坊市宏源防水材料有限公司	海天大酒店改造项目（海天中心）一期工程	15000m²	
53			SBS 弹性体改性沥青防水卷材	A	40	科顺	广东科顺防水材料料有限公司	5A 商务办公楼等 3 项	10 万 m²	

续表

序号	施工阶段	材料类别	材料名称	分类	加工周期(d)	以往项目采购品牌	厂家	使用工程名称	采购数量	备注
54	装饰装修	防水	CKS高聚物改性沥青耐根穿刺防水卷材	A	40	科顺	广东科顺防水材料有限公司	5A商务办公楼等3项	2万m²	
55		防水	聚合物水泥防水涂料	B	20	宏源	潍坊市宏源防水材料有限公司	海天大酒店改造项目（海天中心）一期工程	19000kg	
56		防水	聚氨酯防水涂料	B	20	宏源	潍坊市宏源防水材料有限公司	海天大酒店改造项目（海天中心）一期工程	60000kg	
57		外装饰	玻璃	A	45	—	天津耀皮工程玻璃有限公司	—	60000m²	
58		外装饰	阳极氧化铝单板	A	90	—	山东彩山铝业有限公司	—	5000m²	
59			瓷砖	A	35	箭牌	北京京华耐建筑陶瓷销售有限公司	5A商务办公楼等3项	51000m²	
60		内装饰	精装灯具、开关、插座	A	—	恩都	昆山恩都照明有限公司	重庆来福士广场项目施工总承包工程（B标段）	3000个	
61			木饰面	A	32	富美家	上海富美家装饰材料有限公司	天津周大福金融中心项目	12000m²	
62			人造石	A	40	利机石材	云浮市利机石材有限公司	天津周大福金融中心项目	5000m²	
63			瓷砖	A	40	杭州诺贝尔	杭州诺贝尔陶瓷有限公司	天津周大福金融中心项目	2400m²	
64			龙骨	A	20	北新	北新建材集团股份有限公司	天津周大福金融中心项目	30000m	
65			石膏板	A	—	北新	北新集团建材股份有限公司	重庆来福士广场项目施工总承包工程（B标段）	5000m²	
66			多乐士专业尊享内墙底漆	A	—	多乐士	阿克苏诺贝尔太古漆油（上海）有限公司	重庆来福士广场项目施工总承包工程（B标段）	3000桶	

注：采购时明确材料是否指定品牌。

超高层工程常用设备采集表

表 2.4.4-2

序号	施工阶段	设备类别	设备名称	分类	采购周期(d)	以往项目采购品牌	厂家	使用工程名称	采购数量
1	安装阶段	电梯	货梯	A	120	通力	通力电梯有限公司	重庆来福士广场项目	17台
2				A	120	通力	江苏天目建设集团电梯工程有限公司	南宁国际会展中心	17台
3				A	120	通力	通力电梯有限公司	5A商务办公楼等3项	5台
4				A	160	奥的斯	天津奥的斯有限公司	天津周大福金融中心项目	9台
5			扶梯	A	120	通力	通力电梯有限公司	重庆来福士广场项目	119台
6				A	120	日立	日立电梯(中国)有限公司	青岛国际啤酒城改造项目 T_1、T_2楼工程	2部
7				A	360	日立	日立电梯(中国)有限公司	海天大酒店改造项目(海天中心)一期工程	10台
8				A	60	奥的斯	奥的斯电梯(中国)有限公司	山东黄金国际广场	6台
9				A	120	通力	通力电梯有限公司	5A商务办公楼等3项	2台
10				A	160	奥的斯	天津奥的斯有限公司	天津周大福金融中心项目	16台
11			直梯	A	120	迅达	迅达(中国)电梯有限公司	重庆来福士广场项目	27台
12				A	120	通力	通力电梯有限公司	重庆来福士广场项目	29台
13				A	60	上海三菱	上海三菱电梯有限公司	重庆来福士广场项目	16台
14				A	120	日立	日立电梯(中国)有限公司	青岛国际啤酒城改造项目 T_1、T_2楼工程	47台
15				A	720	日立	日立电梯(中国)有限公司	海天大酒店改造项目(海天中心)一期工程	84台

续表

施工阶段	序号	设备类别	设备名称	分类	采购周期(d)	以往项目采购品牌	厂家	使用工程名称	采购数量
安装阶段	16	电梯	直梯	A	360	奥的斯	奥的斯电梯（中国）有限公司	海天大酒店改造项目（海天中心）一期工程	4部
	17			A	120	通力	通力电梯有限公司	5A商务办公楼等3项	8台
	18			A	90	奥的斯	奥的斯电梯（中国）有限公司	山东黄金国际广场	17台
	19			A	45	奥的斯	奥的斯电梯（中国）有限公司	山东黄金国际广场	13台
	20			A	160	奥的斯	天津奥的斯有限公司	天津周大福金融中心项目	42台
	21	给水排水	潜污泵、污水提升设备	B	40	上海凯泉	上海凯泉泵业（集团）有限公司	山东黄金国际广场	70套
	22			A	60	—	泽尼特泵业（中国）有限公司	山东黄金国际广场	4套
	23			A	60	上海太平洋	上海太平洋制泵集团有限公司	5A商务办公楼等3项	86套
	24			A	40	威乐	威乐（中国）水泵系统有限公司	天津周大福金融中心	110套
	25		隔油提升设备	B	50	—	泽尼特泵业（中国）有限公司	山东黄金国际广场	4套
	26		隔油器	A	40	东方海联	东方海联	天津周大福金融中心	40套
	27		消防水泵	A	25	上海凯泉	上海凯泉泵业（集团）有限公司	山东黄金国际广场	12台
	28		消火栓、自动喷洒、消防转输水泵	A	60	青岛三利	青岛三利中德美水设备有限公司	海天大酒店改造项目（海天中心）一期工程	

续表

序号	施工阶段	设备类别	设备名称	分类	采购周期(d)	以往项目采购品牌	厂家	使用工程名称	采购数量
29	安装阶段	给水排水	消防稳压水泵(含配套气压罐)	A	45	上海凯泉(国产)	上海凯泉泵业(集团)有限公司	海天大酒店改造项目(海天中心)一期工程	
30				A	45	山东双轮(国产)	山东双轮股份有限公司	海天大酒店改造项目(海天中心)一期工程	
31			大空间智能主动喷水灭火系统	A	60	南海天雨(国产)	山东一方盈川电气设备有限公司	海天大酒店改造项目(海天中心)一期工程	
32				A	30	科大立安(国产)	合肥科大立安安全技术股份有限公司	海天大酒店改造项目(海天中心)一期工程	
33				A	30	大连世安(国产)	山东利尔恒安全技术有限公司	海天大酒店改造项目(海天中心)一期工程	
34			闭式喷淋—泡沫灭火联用系统	A	30	南消(国产)	南京消防器材股份有限公司	海天大酒店改造项目(海天中心)一期工程	
35				A	30	莘联(国产)	济南环岛消防设备有限公司	海天大酒店改造项目(海天中心)一期工程	
36			不锈钢/玻璃钢水箱	A	30	福建天广(国产)	泉城阀门有限公司	海天大酒店改造项目(海天中心)一期工程	
37				A	30	济南银河(国产)	济南银河给排水设备有限公司	海天大酒店改造项目(海天中心)一期工程	
38				A	40	北京禹辉(国产)	北京禹辉净化技术有限公司	海天大酒店改造项目(海天中心)一期工程	
39				A	40	北京同力紫光(国产)	北京同力紫光机械设备制造有限责任公司	海天大酒店改造项目(海天中心)一期工程	
40				A	60	济南银河(国产)	济南银河给排水设备有限公司	海天大酒店改造项目(海天中心)一期工程	

续表

序号	施工阶段	设备类别	设备名称	分类	采购周期（d）	以往项目采购品牌	厂家	使用工程名称	采购数量
41			水泵接合器	A	30	福建闽山（国产）	山东闽山消防设备有限公司	海天大酒店改造项目（海天中心）一期工程	
42			喷洒系统湿式报警阀组、雨淋阀、预作用报警阀组连配套空气压缩机	A	45	喷宝（合资、美国）	济南世纪三鑫空调设备有限公司	海天大酒店改造项目（海天中心）一期工程	
43			气体灭火分项工程	A	30	上海金盾（国产）	青岛瑞林消防工程科技有限公司	海天大酒店改造项目（海天中心）一期工程	
44		给水排水		A	30	萃联（国产）	青岛永久消防科技有限公司	海天大酒店改造项目（海天中心）一期工程	
45	安装阶段			A	30	南消（国产）	南京消防器材股份有限公司	海天大酒店改造项目（海天中心）一期工程	
46			传输泵	A	40	威乐	威乐（中国）水泵系统有限公司	天津周大福金融中心	40套
47			变频泵	A	40	威乐	威乐（中国）水泵系统有限公司	天津周大福金融中心	10套
48			热水循环泵	A	40	威乐	威乐（中国）水泵系统有限公司	天津周大福金融中心	20套
49			半容积式换热器	A	50	江阴	江阴	天津周大福金融中心	30套
50			不锈钢水箱	A	30	通华	通华	天津周大福金融中心	12套
51			玻璃钢水箱	A	30	金光	金光	天津周大福金融中心	12套
52		电气	高低压柜	A	50	华克	广西华克电气设备有限公司	海天大酒店改造项目（海天中心）一期工程	12套

续表

序号	施工阶段	设备类别	设备名称	分类	采购周期(d)	以往项目采购品牌	厂家	使用工程名称	采购数量
53			高低压柜	A	50	施耐德	南宁安耐尔商贸有限公司	海天大酒店改造项目（海天中心）一期工程	
54				A	45	GK桂克	广西华克电气设备有限公司	海天大酒店改造项目（海天中心）一期工程	
55				A	35	施耐德	南宁安耐尔商贸有限公司	海天大酒店改造项目（海天中心）一期工程	
56				A	60	中环	江苏中环电气有限公司	海天大酒店改造项目（海天中心）一期工程	
57				A	50	华克	广西华克电气设备有限公司	5A商务办公楼等3项	95套
58	安装阶段	电气	高压开关柜	A	90	ABB	厦门ABB开关有限公司	天津周大福金融中心项目	180套
59				A	60	ABB: ZS1（合资,瑞士）	青岛特锐德电气股份有限公司	海天大酒店改造项目（海天中心）一期工程	
60			变压器	A	60	ABB（合资,瑞士）	青岛特锐德电气股份有限公司	海天大酒店改造项目（海天中心）一期工程	
61				A	60	GE（合资,美国）	青岛源泰林电力工程有限公司	海天大酒店改造项目（海天中心）一期工程	
62				A	90	ABB	上海ABB变压器有限公司	天津周大福金融中心项目	42套
63			柴油发电机组	A	120	康明斯（武汉合资,美国）	青岛富邦汽车销售有限公司	海天大酒店改造项目（海天中心）一期工程	

续表

序号	施工阶段	设备类别	设备名称	分类	采购周期（d）	以往项目采购品牌	厂家	使用工程名称	采购数量
64	安装阶段	电气	柴油发电机组	A	120	雅柯斯（常州独资，土耳其）	雅柯斯电力科技（中国）有限公司	海天大酒店改造项目（海天中心）一期工程	
65			低压配电柜	A	60	ABB-MNS2.0（国产授权）	青岛特锐德电气股份有限公司	海天大酒店改造项目（海天中心）一期工程	
66				A	60	施耐德-BLOCKSET（国产授权）	青岛源泰林电力工程有限公司	海天大酒店改造项目（海天中心）一期工程	
67				A	60	西门子-8PT（国产授权）	正泰电气股份有限公司	海天大酒店改造项目（海天中心）一期工程	
68				A	60	ABB	东莞基业电气设备有限公司	天津周大福金融中心项目	52个
69			电力检测监控系统及仪表	A	30	上海纳宇（国产）	上海纳宇电气有限公司	海天大酒店改造项目（海天中心）一期工程	
70				A	30	易艾斯德（国产）	北京易艾斯德科技有限公司	海天大酒店改造项目（海天中心）一期工程	
71			控制线路单芯电线	A	30	上海致维（国产）	青岛瑞普电力工程安装有限公司	海天大酒店改造项目（海天中心）一期工程	
72				A	30	江苏宝胜（国产）	青岛志达晋商贸有限公司	海天大酒店改造项目（海天中心）一期工程	
73				A	30	江苏中超（国产）	江苏中超轻股份有限公司	海天大酒店改造项目（海天中心）一期工程	
74			消防巡检柜	B	20	紫光新锐（国产）	北京紫光新锐科技发展有限公司	海天大酒店改造项目（海天中心）一期工程	
75			远程抄表/智能电表	A	30	上海纳宇（国产）	上海纳宇电气有限公司	海天大酒店改造项目（海天中心）一期工程	

续表

序号	施工阶段	设备类别	设备名称	分类	采购周期(d)	以往项目采购品牌	厂家	使用工程名称	采购数量
76	安装阶段	电气	远程抄表/智能电表	A	30	易艾斯德(国产)	北京易艾斯德科技有限公司	海天大酒店改造项目(海天中心)一期工程	
77				A	30	大连国彪(国产)	国彪电源集团有限公司	海天大酒店改造项目(海天中心)一期工程	
78			火灾漏电报警系统	C	15	沈阳斯沃(国产)	青岛宏磊佰达工贸有限公司	海天大酒店改造项目(海天中心)一期工程	
79				C	15	爱博精电(国产)	北京爱博精电科技有限公司	海天大酒店改造项目(海天中心)一期工程	
80				A	20	—	青岛消防股份有限公司	山东黄金国际广场	
81				A	60	深圳海亿达	深圳海亿达科技股份有限公司	天津周大福金融中心项目	1026个
82			消防电源监测	C	20	沈阳斯沃(国产)	青岛宏磊佰达工贸有限公司	海天大酒店改造项目(海天中心)一期工程	
83				C	20	爱博精电(国产)	北京爱博精电科技有限公司	海天大酒店改造项目(海天中心)一期工程	
84				A	60	中消恒安	中消恒安(北京)科技有限公司	天津周大福金融中心项目	687个
85			智能应急照明及疏散系统	C	15	沈阳宏宇(国产)	山东首安消防科技有限公司	海天大酒店改造项目(海天中心)一期工程	
86				C	15	崇正华盛(国产)	北京市崇正华盛应急设备系统有限公司	海天大酒店改造项目(海天中心)一期工程	
87				C	15	大连国彪(国产)	国彪电源集团有限公司	海天大酒店改造项目(海天中心)一期工程	
88				C	20	青岛阳浦(国产)	青岛阳浦智能科技有限公司	海天大酒店改造项目(海天中心)一期工程	

续表

序号	施工阶段	设备类别	设备名称	分类	采购周期（d）	以往项目采购品牌	厂家	使用工程名称	采购数量
89			智能应急照明及疏散系统	A	45	北京中智盛安	北京中智盛安	天津周大福金融中心项目	7856个
90	安装阶段	电气	酒店公共区域智能照明系统	A	30	Dynalite（澳大利亚）	青岛远邦智能控制技术有限公司	海天大酒店改造项目（海天中心）一期工程	
91			感烟、感温、红外对射等探测器	A	30	Siemens FS720	青岛澳开电气有限公司	海天大酒店改造项目（海天中心）一期工程	
92			输入、控制模块、电话插孔	A	30	Siemens FS720	青岛澳开电气有限公司	海天大酒店改造项目（海天中心）一期工程	
93			手动报警按钮，消火栓按钮，声光报警器，报警、联动软件	A	30	Siemens FS720	青岛澳开电气有限公司	海天大酒店改造项目（海天中心）一期工程	
94			防火门监控系统设备	A	45	中消佰安（国产）	中消佰安（北京）科技有限公司	海天大酒店改造项目（海天中心）一期工程	
95				A	45	天龙科技（国产）	泉州市天龙电子科技有限公司	海天大酒店改造项目（海天中心）一期工程	
96				A	45	六瑞科技（国产）	广州六瑞消防科技有限公司	海天大酒店改造项目（海天中心）一期工程	
97			余压控制系统	C	15	渥汇（国产）	青岛渥汇人工环境有限公司	海天大酒店改造项目（海天中心）一期工程	
98				C	15	中消佰安（国产）	中消佰安（北京）科技有限公司	海天大酒店改造项目（海天中心）一期工程	
99				—	15	创世（国产）	山东创世电子技术有限公司	海天大酒店改造项目（海天中心）一期工程	
100			扬声器	B	10	霍尼韦尔（合资）	青岛艾德森能源科技有限公司	海天大酒店改造项目（海天中心）一期工程	

续表

序号	施工阶段	设备类别	设备名称	分类	采购周期(d)	以往项目采购品牌	厂家	使用工程名称	采购数量
101	安装阶段	电气	扬声器	B	10	BOSCH（合资）	北京益泰方原电子有限公司	海天大酒店改造项目（海天中心）一期工程	
102				B	10	TOA（合资）	青岛宇辰电子有限公司	海天大酒店改造项目（海天中心）一期工程	
103			功率放大器、均衡器、前置放大器	B	10	霍尼韦尔（合资）	青岛艾德森能源科技有限公司	海天大酒店改造项目（海天中心）一期工程	
104				B	10	BOSCH（合资）	北京益泰方原电子有限公司	海天大酒店改造项目（海天中心）一期工程	
105				B	10	TOA（合资）	青岛宇辰电子有限公司	海天大酒店改造项目（海天中心）一期工程	
106			监听盘	B	15	霍尼韦尔（合资）	青岛艾德森能源科技有限公司	海天大酒店改造项目（海天中心）一期工程	
107			广播主机	B	10	霍尼韦尔（合资）	青岛艾德森能源科技有限公司	海天大酒店改造项目（海天中心）一期工程	
108				B	10	霍尼韦尔（合资）	青岛艾德森能源科技有限公司	海天大酒店改造项目（海天中心）一期工程	
109			音量控制器	B	10	BOSCH（合资）	北京益泰方原电子有限公司	海天大酒店改造项目（海天中心）一期工程	
110				B	10	TOA（合资）	青岛宇辰电子有限公司	海天大酒店改造项目（海天中心）一期工程	
111			呼叫站	B	15	霍尼韦尔（合资）	青岛艾德森能源科技有限公司	海天大酒店改造项目（海天中心）一期工程	
112				B	15	BOSCH（合资）	北京益泰方原电子有限公司	海天大酒店改造项目（海天中心）一期工程	

续表

序号	施工阶段	设备类别	设备名称	分类	采购周期（d）	以往项目采购品牌	厂家	使用工程名称	采购数量
113		电气	航空障碍灯	A	30	北京方圆	北京方圆航空奥科技有限责任公司	天津周大福金融中心项目	16个
114			配电箱	A	45	ABB	东莞基业/江苏华彤	天津周大福金融中心项目	452个
115			直流屏	A	50	GZDW	苏州市龙源电力科技股份有限公司	天津周大福金融中心项目	13套
116	安装阶段	暖通	制冷机组	A	60	麦克维尔	广西安昭机电设备有限公司	海天大酒店改造项目（海天中心）一期工程	
117					90	麦克维尔	广西建工集团第一安装有限公司	海天大酒店改造项目（海天中心）一期工程	
118					60	麦克维尔	南京仕高建筑设备工程有限公司	海天大酒店改造项目（海天中心）一期工程	
119					60	约克	南京长发设备安装有限公司	海天大酒店改造项目（海天中心）一期工程	
120					60	约克	约克（中国）商贸有限公司北京分公司	沈阳华强城市金廊广场一、二期	9台
121					60	特灵	特灵空调系统（中国）有限公司	山东黄金国际广场	6套
122					60	约克	山东格瑞德集团有限公司	5A商务办公楼等3项	2套
123			VAV变风量末端空调箱（串联风机动力型）&CAV定风量阀	A	60	约克	约克（中国）商贸有限公司北京分公司	沈阳华强城市金廊广场一、二期	
124				A	90	江森	北京德尔力通科技发展有限公司	天津周大福金融中心项目	347个

续表

序号	施工阶段	设备类别	设备名称	分类	采购周期(d)	以往项目采购品牌	厂家	使用工程名称	采购数量
125	安装阶段	暖通	VAV变风量末端空调箱（串联风机动力型）&CAV定风量阀	A	90	江森	北京江森自控有限公司	天津周大福金融中心项目	347个
126				A	90	YORK（约克）（合资，美国）	约克（中国）商贸有限公司	天津周大福金融中心项目	
127				A	90	万彩	东莞市万彩空调配件有限公司	天津周大福金融中心项目	
128				A	90	皇家	皇家空调设备工程有限公司	天津周大福金融中心项目	
129			冰蓄冷设备（钢盘管）	A	90	BAC（巴尔的摩）（合资，美国）	天津广融科技有限公司	海天大酒店改造项目（海天中心）一期工程	
130			双工况主机/常规冷水机组	A	150	YORK（约克）（合资，美国）	青岛协力建材五金配套有限公司	海天大酒店改造项目（海天中心）一期工程	
131				A	150	BAC（巴尔的摩）（合资，美国）	山东佛而伟机电设备有限公司	海天大酒店改造项目（海天中心）一期工程	
132				A	180	EVAPCO（益美高）（合资，美国）	山东信之隆新能源技术有限公司	海天大酒店改造项目（海天中心）一期工程	
133			冷却塔（开式/闭式）	A	90	新菱	新菱空调（佛冈）有限公司	天津周大福金融中心项目	14组
134				A	90	马利	上海顶黎机电设备有限公司	天津周大福金融中心项目	
135				A	90	BAC	上海良菱机电设备成套有限公司	天津周大福金融中心项目	
136				A	90	益美高	益美高（上海）制冷设备有限公司	天津周大福金融中心项目	

续表

序号	施工阶段	设备类别	设备名称	分类	采购周期 (d)	以往项目采购品牌	厂家	使用工程名称	采购数量
137			磁悬浮冷水机组	A	120	YORK（约克）（合资，美国）	青岛协力建材五金配套有限公司	海天大酒店改造项目（海天中心）一期工程	14组
138				A	120	海尔	青岛贵广通建设工程有限公司	海天大酒店改造项目（海天中心）一期工程	
139			风冷热泵	A	60	YORK（约克）（合资，美国）	青岛协力建材五金配套有限公司	海天大酒店改造项目（海天中心）一期工程	
140			多联机、分体空调、新风换气机	A	60	Hitach（日立）（合资，日本）	烟台多联多制冷有限公司	海天大酒店改造项目（海天中心）一期工程	
141				A	60		北京振兴华龙制冷设备有限责任公司	天津周大福金融中心项目	464个
142	安装阶段	暖通	分体式空调机组&VRV空调机组	A	78	美的、大金、日立、松下	上海益冠机电安装工程有限公司	天津周大福金融中心项目	
143				A	60		北京八方一鸿科贸有限公司	天津周大福金融中心项目	
144				A	90		上海永定楼宇设备有限公司	天津周大福金融中心项目	
145			暖通水泵	A	60	Grundfos（格兰富）（合资，丹麦）	青岛中得科技实业发展有限公司	海天大酒店改造项目（海天中心）一期工程	
146			板式热交换器	A	60	Alfallaval（阿法拉伐）（合资，瑞典）	青岛中得科技实业发展有限公司	海天大酒店改造项目（海天中心）一期工程	
147			水环多联机	A	60	Hitach（日立）（合资，日本）	烟台多联多制冷有限公司	海天大酒店改造项目（海天中心）一期工程	
148			空气处理机组	A	60	YORK（约克）（合资，美国）	青岛协力建材五金配套有限公司	海天大酒店改造项目（海天中心）一期工程	

续表

序号	施工阶段	设备类别	设备名称	分类	采购周期（d）	以往项目采购品牌	厂家	使用工程名称	采购数量
149			热回收空气处理机组（热管式）	A	90	德天节能（国产）	北京德天节能设备有限公司	海天大酒店改造项目（海天中心）一期工程	
150				A	90	YORK（约克）（合资，美国）	青岛协力建材五金配套有限公司	海天大酒店改造项目（海天中心）一期工程	
151				A	90	Carrier（开利）（合资，美国）	开利空调销售服务（上海）有限公司	海天大酒店改造项目（海天中心）一期工程	
152			风机盘管	A	45	浙江理通	浙江理通通风机科技有限公司	沈阳华强城市金廊广场一、二期	
153				A	45	华德	北京鼎天嘉华科贸有限责任公司	5A商务办公楼等3项	2464个
154	安装阶段	暖通		A	90	开利、约克、新晃、特灵	北京纪新泰富机电技术股份有限公司	天津同大福金融中心项目	657个
155			消防风机	A	40	英飞（国产）	上海铭地乐通用设备制造有限公司	海天大酒店改造项目（海天中心）一期工程	
156			智能型诱导风机	A	30	英飞（国产）	青岛美伊工程设备有限公司	海天大酒店改造项目（海天中心）一期工程	
157			卫生间通风扇、排气扇	A	30	Panasonic（松下）（合资，日本）	山东氧空间环境科技有限公司	海天大酒店改造项目（海天中心）一期工程	
158			泳池除湿热泵机组	A	30	Calorex（加路力士）（合资，英国）	青岛金达莱水科技有限公司	海天大酒店改造项目（海天中心）一期工程	
159			中央除尘系统	A	30	Aldes（爱迪士）（合资，法国）	青岛协力建材五金配套有限公司	海天大酒店改造项目（海天中心）一期工程	
160			VAV-BOX	A	60	Johnson（江森）（合资，美国）	青岛华铁建中工程设备有限公司	海天大酒店改造项目（海天中心）一期工程	

续表

序号	施工阶段	设备类别	设备名称	分类	采购周期（d）	以往项目采购品牌	厂家	使用工程名称	采购数量
161			VAV-BOX 系统之传感器、控制器及系统	A	60	Johnson（江森）（合资，美国）	青岛华铁建中工程设备有限公司	海天大酒店改造项目（海天中心）一期工程	
162			定压补水设备（含真空脱气）	A	60	Reflex（瑞福莱）（合资，德国）	青岛大为环保科技有限公司	海天大酒店改造项目（海天中心）一期工程	
163			蒸汽设备	A	60	Armstrong（阿姆斯壮）（合资，美国）	青岛敏达节能工程设备有限公司	海天大酒店改造项目（海天中心）一期工程	
164			静电-UVC 油烟净化器（厨房油烟系统）	A	60	Airquality（爱优特）（合资，西班牙）	青岛海锐环保节能工程有限公司	海天大酒店改造项目（海天中心）一期工程	
165	安装阶段	暖通	加湿器（循环水湿膜）	A	60	Armstrong（阿姆斯壮）（合资，美国）	青岛敏达节能工程设备有限公司	海天大酒店改造项目（海天中心）一期工程	
166			加湿器（蒸汽）	A	60	Armstrong（阿姆斯壮）（合资，美国）	青岛敏达节能工程设备有限公司	海天大酒店改造项目（海天中心）一期工程	
167			紫外线杀菌灯	A	60	Airquality（爱优特）（合资，西班牙）	青岛海锐环保节能工程有限公司	海天大酒店改造项目（海天中心）一期工程	
168			静电中效过滤器	A	60	Airquality（爱优特）（合资，西班牙）	青岛海锐环保节能工程有限公司	海天大酒店改造项目（海天中心）一期工程	
169			水处理设备（智能加药）	A	60	禹辉（国产）	北京禹辉净化技术有限公司	海天大酒店改造项目（海天中心）一期工程	
170			水处理设备（全程水处理器、软水器）	A	60	禹辉（国产）	北京禹辉净化技术有限公司	海天大酒店改造项目（海天中心）一期工程	
171			地板采暖锅分集水器及温控阀	A	30	Oventrop（欧文托普）（合资，德国）	青岛润龙祥暖通有限公司	海天大酒店改造项目（海天中心）一期工程	
172			散热器	A	30	普特曼（国产）	安徽简端普德曼机电有限责任公司	海天大酒店改造项目（海天中心）一期工程	

续表

序号	施工阶段	设备类别	设备名称	分类	采购周期（d）	以往项目采购品牌	厂家	使用工程名称	采购数量
173			散热器	A	30	森德（国产）	森德（中国）暖通设备有限公司	海天大酒店改造项目（海天中心）一期工程	
174			板式换热器	A	90	毅科、百瑞、西部技研	毅科热交换器（上海）有限公司	天津周大福金融中心项目	72组
175			水泵	A	90	赛莱默	北京信友源科技有限公司	天津周大福金融中心项目	
176				A	90	赛莱默	上海思卡都机电设备有限公司	天津周大福金融中心项目	
177				A	90	格兰富	上海宇隆环保科技有限公司	天津周大福金融中心项目	
178	安装阶段	暖通		A	90	KSB	上海沛合环控制设备有限公司	天津周大福金融中心项目	
179				A	90	江森	北京江森自控有限公司	天津周大福金融中心项目	
180			楼梯压力感应器	A	—	西门子	上海镝清信息技术有限公司	天津周大福金融中心项目	
181				A	—	Satchwell	众业达（北京）智能科技有限公司	天津周大福金融中心项目	
182			蝶阀	A	90	霍尼韦尔	霍尼韦尔自动化控制（中国）有限公司	天津周大福金融中心项目	745个
183				A	90	Tozen	和汇通（北京）流体科技有限公司	天津周大福金融中心项目	
184				A	90	Tozen	上海筹栋机电设备有限公司	天津周大福金融中心项目	

续表

序号	施工阶段	设备类别	设备名称	分类	采购周期（d）	以往项目采购品牌	厂家	使用工程名称	采购数量
185			蝶阀	A	90	Kitz	上海沛合环境控制设备有限公司	天津周大福金融中心项目	745个
186				A	90	Kitz	北京美富斯劳腾科贸有限公司	天津周大福金融中心项目	
187				A	90	Watts	上海宇隆环保科技有限公司	天津周大福金融中心项目	
188		暖通		A	90	Tyco	苏州君惠莱流体控制设备有限公司	天津周大福金融中心项目	
189			风机	A	90	尼科达	石利洛机电设备（上海）有限公司	天津周大福金融中心项目	
190				A	90	科禄格	天津科禄格通风设备有限公司	天津周大福金融中心项目	
191	安装阶段			A	90	洛森博格	上海采金实业有限公司	天津周大福金融中心项目	
192			磁力锁	A	30	武汉冠唯	武汉冠唯电子有限公司	天津周大福金融中心项目	1072副
193			桥架	A	30	江苏·华威	沈阳同飞机电设备有限公司	天津周大福金融中心项目	7800m
194		智能化	机柜	A	30	罗格朗	天津市同辉博创网络科技发展有限公司	天津周大福金融中心项目	472个
195			监控系统	A	30	松下	武汉意正电子有限公司	天津周大福金融中心项目	1套
196			拼接屏	A	30	三星	武汉索飞贸易有限公司	天津周大福金融中心项目	32台

续表

序号	施工阶段	设备类别	设备名称	分类	采购周期（d）	以往项目采购品牌	厂家	使用工程名称	采购数量
197	安装阶段	消防	防火门	A	45	恒宝	鹤山市恒保防火玻璃厂有限公司	天津周大福金融中心项目	242 套
198			消防泵	A	40	宝德龙	格兰富	天津周大福金融中心项目	23 台
199			泵控柜	A	40	宝德龙	格兰富	天津周大福金融中心项目	16 台
200			消防玻璃钢水箱	A	40	河北三阳	凯光/上海	天津周大福金融中心项目	2 个
201			水泵接合器	A	40	金盾	搏龙	天津周大福金融中心项目	23 个

超高层常用进口材料

表 2.4.4-3

序号	材料、设备类别	材料名称	分类	采购周期（d）	以往项目采购品牌	产地/厂家	使用工程名称	采购数量	备注
1	精装	铝扣板金属顶棚	A	40	阿姆斯壮	美国	天津周大福金融中心项目	4000m²	
2		顶棚	A	40	至高	德国	天津周大福金融中心项目	12000m²	
3	机电安装	阀门	A	30	金盾	美国	天津周大福金融中心项目	1200 个	
4		电伴热	A	7	华宁	美国	天津周大福金融中心项目	1000m	
5		消防水泵	A	40	宝德龙	丹麦	天津周大福金融中心项目	23 台	

续表

序号	材料、设备类别	材料名称	分类	采购周期（d）	以往项目采购品牌	产地/厂家	使用工程名称	采购数量	备注
6	机电安装	喷头	A	10	金盾	美国	天津周大福金融中心项目	106856 个	
7		沟槽件	A	30	亿百通	美国	天津周大福金融中心项目	81237 个	
8		消防报警设备	A	30	海湾	美国	天津周大福金融中心项目	58000 个	
9		消防报警主机	A	40	海湾	美国	天津周大福金融中心项目	26 台	
10	—	空调机组板式换热器	A	30	丹佛斯	丹麦	5A 商务办公楼等3 项	2 套	
11	幕墙材料	结构胶、密封胶	B	—	西卡	上海鸿裔实业有限公司	重庆来福士广场项目（B 标段）	11304 支	
12	地面材料	耐磨硬化剂	A	10	巴斯夫	德国	5A 商务办公楼等3 项	11000kg	

2.5　施 工 组 织

（1）现场资源配置充分考虑施工需要，并做到经济合理。垂直运输方案是确保超高层工程能否安全、顺利施工的核心方案，桩基础及底板施工先安装平臂塔式起重机；底板施工完成后，拆除平臂塔式起重机，安装具有大型钢结构起吊能力的塔式起重机。根据施工进度安装施工电梯，分高、中、低速三种型号，变频超高压拖式混凝土泵和液压布料机，进行施工物料、设备和人员的垂直运输。

（2）现场平面布置主要考虑作业层钢构件、钢筋半成品、幕墙单元板块、砌块等材料、构件的临时堆放场地，准备层钢构件存放场地，大量钢筋原材堆放及加工场地，施工人员生活区。

（3）根据工程结构特点及使用功能将地上塔楼结构在竖向上划分为几个验收区段，每个区段结构验收完毕后，插入该区段幕墙、机电安装及室内装饰装修施工。现场布置、劳动力、垂直运输设施等资源配置优先满足关键线路上的施工工序，其他工序做好穿插和配合，确保完成总工期目标。

（4）塔楼地上结构按照"核心筒钢结构领先于核心筒剪力墙混凝土结构1～2层，核心筒剪力墙混凝土结构领先于筒外钢结构框架6～10层，筒外钢结构框架领先于压型钢板混凝土组合楼板、劲性柱混凝土结构3～4层，筒内梁板及楼梯按照低于核心筒剪力墙4～6层"的节奏向上施工。

2.6　协 同 组 织

2.6.1　高效建造管理流程

2.6.1.1　快速决策事项识别

项目管理快速决策是高效建造的基本保障，为了实现高效建造，梳理影响项目建设重大事项，对重大事项的确定，根据项目重要性实现快速决策，优化企业内部管理流程，降低过程时间成本。快速决策事项识别见表2.6.1-1。

快速决策事项识别　　　　　　　　　　　　　　　表2.6.1-1

序号	管理决策事项	公司	分公司	项目部
1	项目班子组建	√	√	

序号	管理决策事项	公司	分公司	项目部
2	项目管理策划	√	√	√
3	总平面布置	√	√	√
4	重大分包商（桩基、土方、主体、二次结构、钢结构、粗装修队伍等）	√	√	√
5	重大方案的落地	√	√	√
6	重大招采项目（塔式起重机、钢筋、混凝土等）	√	√	√

注：相关决策事项需符合三重一大相关规定。

2.6.1.2　高效建造决策流程

根据工程的建设背景和工期管理目标，对企业管理流程进行适当调整，给予项目一定的决策、汇报请示权，优化工程重大事项决策流程，缩短企业内部多层级流程审批时间。高效建造决策管理要求见表2.6.1-2。

高效建造决策管理要求　　　　　　　　表2.6.1-2

序号	项目类别	管理要求	备注
1	特大项目	1）高度在300m以上的超高层建筑。 2）设立公司级指挥部，由二级单位（公司）领导班子担任总指挥，公司各部门领导、分公司总经理为指挥部成员。项目部经过班子讨论形成意见书，报送项目指挥部请示。 3）在营销过程中确立为重点工程的项目。 4）省级重点投资建设项目，属于政治任务，社会影响大	项目意见书
2	重大项目	1）自行完成合同额在10亿元以上，潜在亏损在1000万元以上的项目。 2）设立分公司级指挥部，由三级单位领导班子担任总指挥，形成快速决策。 3）市级政府投资建设项目，当地社会影响力较大	—
3	常规项目	1）高度在300m以下的超高层建筑。 2）不设立指挥部，项目管理流程按照常规项目管理	—

1. 特大项目

决策流程到公司领导班子，总经理牵头决策。特大项目决策流程见图2.6.1-1。

2. 重大项目

决策流程到分公司领导班子，分公司牵头决策。重大项目决策流程见图2.6.1-2。

3. 常规项目

按照常规项目管理。

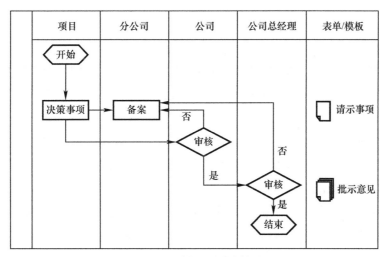

图 2.6.1-1   特大项目决策流程

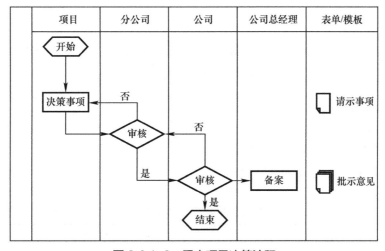

图 2.6.1-2   重大项目决策流程

2.6.2   设计与施工组织协同

1. 建立设计管理例会制度

每月至少召开一次设计例会，由建设单位组织，勘察、设计、总包、监理、专业分包单位参加，协调解决当前子项图纸缺失、未完善、图纸深化（含设备选型）及各专业图纸错漏、碰缺等问题，预先将需解决的问题发至建设单位和设计单位，以便其安排相关专业设计工程师参会。

2. 建立畅通的信息沟通机制

建立设计管理交流群，设计与现场工作相互协调；设计应及时了解现场进度情况，为现场施工创造便利条件；现场应加强与设计的沟通与联系，及时反馈施工信息，快速推进工程建设。

3. BIM 协同设计及技术联动应用制度

为最大限度解决好设计碰撞问题，总包单位前期组织建立 BIM 技术应用工作团队入驻设计单位办公，统一按设计单位的相关要求进行模型创建，发挥 BIM 技术优势，提前发现有关设计碰撞问题，提交设计人员及时进行纠正。

施工过程中采取"总承包单位牵头，以 BIM 平台为依托，带动专业分包"的 BIM 协同应用模式，需覆盖土建、机电、钢构、幕墙及精装修等所有专业。

4. 重大事项协商制度

为做好设计变更各项工作，各方应建立重大事项协商制度，及时对涉及重大造价增减的事项进行沟通、协商，施工单位做好设计变更对工期、成本、质量、安全等方面的影响，由建设单位组织设计、施工、监理等变更相关单位召开专题会，确定最优方案，在保证工程进度的前提下，降低工程投资总额，确保工程建设品质。

5. 顾问专家咨询制度

建立重大技术问题专家咨询会诊制度，对工程中的重难点进行专项研究，制订切实可行的实施方案；并对涉及结构与作业安全的重大方案实行专家论证。

2.6.3 设计与采购组织协同

2.6.3.1 设计与采购的沟通机制

设计与采购的沟通机制见表 2.6.3-1。

设计与采购的沟通机制 表 2.6.3-1

序号	项目	沟通内容
1	材料、设备的采购控制	根据现场施工情况，物资采购部对工程中规格异型的材料，提前调查市场情况，若市场上的材料不能满足设计及现场施工的要求时，与生产厂家联系，提出备选方案，同时向设计反馈实际情况，进行调整。确保设计及现场施工的顺利进行
2	材料、设备的报批和确认	对工程材料、设备实行报批确认的办法，其程序为： 1）编制工程材料、设备确认的报批文件。施工单位事先编制工程材料、设备确认的报批文件，内容包括：制造商（供应商）的名称、产品名称、型号、规格、数量、主要技术数据、参照的技术说明、有关的施工详图、使用在本工程的特定位置以及主要的特性等。 2）设计在收到报批文件后，提出预审意见，报发包方确认。 3）报批手续完毕后，发包、施工、设计和监理等方各执一份，作为今后进场工程材料、设备质量检验的依据
3	材料样品的报批和确认	按照工程材料、设备报批和确认程序实施材料样品的报批和确认。材料样品报发包、监理、设计等方确认后，实施样品留样制度，将样品注明后封存留样，为后期复核材料质量提供依据

2.6.3.2　设计与采购选型协同流程

设计与采购协同流程见图 2.6.3-1。

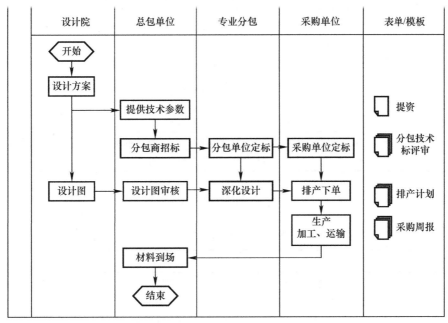

图 2.6.3-1　设计与采购协同流程

2.6.3.3　设计与采购选型协调

（1）电气专业采购选型与设计协调内容见表 2.6.3-2。

电气专业采购选型与设计协调　　　　　　　　　表 2.6.3-2

序号	校核项	专业沟通
1	负荷校核 （包括电压降）	1）根据电气系统图与平面图列出图示所有回路的如下参数：配电箱/柜编号、回路编号、电缆/母线规格、回路负载功率/电压。 2）向电缆/电线/母线供应商收集电缆的载流量、每公里电压降、选取温度与排列修正系数。 3）对于多级配电把所有至末端的回路全部进行计算，得到最不利的一条回路，核对电压降是否符合要求，如果电压降过大，采用增大电缆规格来减小电压降
2	桥架规格	1）根据负荷计算出所有电缆规格，对列出电缆外径。 2）对每条桥架内的电缆截面积进行求和计算，计算出桥架的填充率（电力电缆不大于40%，控制电缆不大于50%），同时要根据实际情况进行调整。 3）线槽内填充率：电力电缆不大于20%
3	配电箱/柜断路器校核	1）断路器的复核：利用负荷计算表的数据，核对每个回路的计算电流，是否在该回路断路器的安全值范围内。 2）变压器容量的复核：在所有回路负荷计算完成后，进行变压器容量的复核。 3）配电箱/柜尺寸优化（合理优化元器件排布、配电箱进出线方式等）

续表

序号	校核项	专业沟通
4	照明回路校核	1）根据电气系统图与平面图列出图示所有回路的如下参数：配电箱/柜编号、回路编号、电缆/母线规格、回路负载功率/电压。 2）根据《民用建筑电气设计标准》GB 51348 中用电负荷选取需要系数，按相关计算公式计算出电压降及安全载流量是否符合要求
5	电缆优化	1）根据电气系统图列出图示所有回路的参数：如电缆/母线规格等。 2）向电缆/母线供应商收集载流量、选取温度与排列修正系数。 3）电缆连接负载的载荷复核。 4）根据管线综合排布图进行电缆敷设线路的优化
6	灯具照度优化	应用BIM技术对多种照明方案进行比对后，重新排布线槽灯的布局，选择合理的排布方式，确定最优照明方案，确保照明功率以及照度、外观满足使用要求，符合绿色建筑标准

（2）给水排水专业采购选型与设计协调内容见表2.6.3-3。

给水排水专业采购选型与设计协调　　　　　表2.6.3-3

序号	校核参数	专业沟通
1	生活给水泵扬程	1）根据轴测图选择最不利配水点，确定计算管路，若在轴测图中难以判定最不利配水点，则同时选择几条计算管路，分别计算各条管路所需压力，其最大值为建筑内给水系统所需压力。 2）根据建筑的性质选用设计秒流量公式，计算各管段的设计秒流量值。 3）进行给水管网水力计算，在确定各计算管段的管径后，对采用下行上给式布置的给水系统，计算水表和计算管路的水头损失，求出给水系统所需压力 p。给水管网水头损失的计算包括沿程水头损失和局部水头损失两部分
2	排水流量和管径校核	1）轴测图的绘制：根据系统流程图、平面图上水泵管道系统的走向和原理大致确定最不利环路，并根据 Z 轴 45° 方向长度减半的原则绘制出管道系统的轴测图。 2）根据建筑的性质选用设计秒流量公式，计算各管段的设计秒流量值。 计算排水管网起端的管段时，因连接的卫生器具较少，计算结果有时会大于该管段上所有卫生器具排水流量总和，这时应将该管段所有卫生器具排水流量的累加值作为排水设计秒流量
3	雨水量计算	1）暴雨强度计算应确定设计重现期和屋面集水时间两个参数。 2）汇水面积按"m²"计。对于有一定坡度的屋面，汇水面积按水平投影面积计算。窗井、贴近高层建筑外墙的地下汽车库出入口坡道，应附加其高出部分侧墙面积的二分之一。同一汇水区内高出的侧墙多于一面时，按有效受水侧墙面积的二分之一折算汇水面积
4	热水配水管网计算	1）热水配水管网的设计秒流量可按生活给水（冷水）设计秒流量公式进行计算。 2）卫生器具热水给水额定流量、当量、支管管径和最低工作压力同生活给水（冷水）规定
5	消火栓水力计算	1）消火栓给水管道中的流速一般以 1.4～1.8m/s 为宜，不允许大于 2.5m/s。 2）消防管道沿程水头损失的计算方法与给水管网计算相同，局部水头损失按管道沿程水头损失的 10% 计算
6	水泵减振设计计算	1）当水泵确定后，设计减振系统形式采用惯性块+减振弹簧组合方式。 2）减振系统的弹簧数量以采用4个或6个为宜，但实际应用中每个受力点的受力并不相等，应根据受力平衡和力矩平衡的原理计算每个弹簧的受力值，并根据此数值选定合适的弹簧及计算出弹簧的压缩量，以尽量保证减振系统中的水泵在正常运行时是水平姿态

续表

序号	校核参数	专业沟通
7	虹吸雨水深化	1）对雨水斗口径进行选型设计，对管道的管径进行选型设计。 2）雨水斗选型后，对系统图进行深化调整，管材性质按原图纸设计

（3）暖通专业采购选型与设计协调内容见表 2.6.3-4。

暖通专业采购选型与设计协调　　　　　　　　表 2.6.3-4

序号	校核参数	校核过程
1	空调循环水泵的扬程	1）轴测图的绘制：根据系统流程图、平面图上水泵管道系统的走向和原理大致确定最不利环路，并根据 Z 轴 45°方向长度减半的原则绘制出管道系统的轴测图。 2）编号和标注：有流量变化的点必须编号，有管径变化或有分支的点必须编号，设备进出口有独立编号。编号的目的是为计算时便于统计相同管径或流量的段内的管道长度、配件类别和数量并便于使用统一的计算公式
2	空调机组／送风机／排风机机外余压校核	1）计算表需包含以下内容： ①管段编号； ②管段内详细的管线、管配件、阀配件的情况（型号及数量）； ③实际管段的流速； ④根据雷诺数计算直管段阻力系数 λ 或查表确定 λ，计算出比摩阻； ⑤计算直管段摩擦阻力值（沿程阻力）； ⑥查表确定管配件或阀件、设备的局部阻力系数或当量长度； ⑦汇总管段内的阻力。 2）计算中可能涉及一些串接在系统中的设备的阻力取值，例如消声器、活性炭过滤器等，须按照实际选定厂家给定的值确定
3	空调循环水泵的减振设计校核	1）当空调循环水泵确定后，需要设计减振系统，减振系统形式采用惯性块＋减振弹簧组合方式。惯性块的质量取水泵质量的 1.5～2.5 倍，推荐为 2 倍，惯性块采用槽钢或 6mm 以上钢板外框＋内部配筋，然后浇筑混凝土，预埋水泵固定螺杆或者预留地脚螺栓安装孔，密度按 2000～2300kg/m³ 计算。 2）当系统工作压力较大时，需要计算软接头处因内部压强引起的一对大小相等、方向相反的力对减振系统的影响。 3）端吸泵的进出口需要从形式设计上采取措施，使得进出口软接头位于立管上，这样系统内对软接头两侧管配件的推力会传递到减振惯性块上（下部），上部的力传递到弯头或母管上。 4）减振系统的弹簧数量以采用 4 个或 6 个为宜，但实际使用中每个受力点的受力并不相等，应根据受力平衡和力矩平衡的原理计算每个弹簧的受力值，并根据此数值选定合适的弹簧及计算出弹簧的压缩量，以尽量保证减振系统中的水泵在正常运行时是水平姿态
4	风管系统的消声器校核	1）对于噪声敏感区域，如办公室、商铺、公共走道等区域需要考虑消声降噪措施，其中一个主要控制措施为区域内的风口噪声。在风道风速已控制在合理范围的情况下，风口噪声主要为设备噪声的传递，为降低设备噪声对功能房内的影响，需要按设计要求选择合适的消声器。 2）根据设备噪声数据，结合管线具体走向、流速、弯头三通情况、房间内风口分布情况等计算出消声器需要具备的各频率下的插入损失值，并结合厂家的型号数据库选出消声器型号

序号	校核参数	校核过程
5	室外冷却塔消声房的设计校核	1）冷却塔散热风扇需要具有50Pa的余量，这样即使冷却塔进排风回路附加了50Pa消声器阻力值，也不影响冷却塔的散热能力。 2）根据冷却塔噪声数据，计算冷却塔安装区域到最近的敏感区域的影响，并计算出当达到国家规定的环境噪声标准时需要设置的消声器的消声量，然后据此选出厂家对应型号。 3）为保证气流经消声器的阻力不大于50Pa，控制进风气流速度不大于2m/s。一般，冷却塔设置在槽钢平台上，以使拼接后的冷却塔为一个整体。槽钢平台下设置大压缩量弹簧，建议压缩量为75～100mm范围的弹簧，以提高隔振效率。弹簧为水平和垂直方向限位弹簧并有橡胶阻尼，防止冷却塔在大风、地震等恶劣天气下出现倾倒
6	防排烟系统风机压头计算	1）当一台排烟风机负责两个及以上防火分区时，风机风量是按最大分区面积 $\times 60\text{m}^3/(\text{h}\cdot\text{m}^2)\times 2$ 确定的，但每个防烟分区内排烟量仍然是面积 $\times 60\text{m}^3/(\text{h}\cdot\text{m}^2)$。计算时选定了两个最不利防火分区并假定两个分区按设计状态运行，此时两个分区的排烟量一般是不大于排烟风机设计风量，但在两个分区汇总后的排烟总管，须按照排烟风机的设计风量进行计算。 2）楼梯加压及前室加压计算，需根据消防时开启的门的数量，保证风速计算，用门缝隙漏风量计算方法检验，取两者大值
7	空调冷热水管的保温计算	1）厂家、材质、密度等不同的保温材料导热系数各异，如选用厂家资料与设计条件有偏离，需要进行保温厚度计算。 2）空调冷冻水一般采用防结露法计算，高温热水管道一般采用防烫伤法计算
8	空调机组水系统电动调节阀 CV 值计算及选型	当选定空调机组后，空调机组水盘管在额定流量下的阻力值由设备厂家提供，依据此压降数值，按照电动调节阀压降不小于盘管压降的一半确定阀门压降，流量按盘管额定流量计算出阀门流通能力，并根据这些数据，查厂家阀门性能表确定具体型号

（4）智能化专业采购选型与设计协调内容见表2.6.3-5。

智能化专业采购选型与设计协调　　　　　　表2.6.3-5

序号	校核参数	校核过程
1	桥架规格	1）把每条桥架内的电缆截面积进行求和计算，计算出桥架的填充率（控制电缆不大于50%），但也要根据实际情况进行调整。 2）线槽内填充率：控制电缆不大于40%
2	DDC控制箱校核	1）DDC控制箱元器件的复核：利用建筑设备监控系统点位表，核对每个DDC箱体内模块数量，以及相应的AI、AO、DI、DO点个数，校核所配备的接线端子数量，并考虑一定预留量。 2）DDC控制箱尺寸优化（合理优化元器件排布、DDC模块滑轨位置、DDC控制箱进出线方式等）
3	交换机规格校核	根据核心交换机所接入的交换机个数、交换容量、包转发率等参数信息，并考虑一定冗余，确定核心交换机的背板带宽、交换容量、包转发率等参数
4	视频监控存储优化	1）根据视频监控系统的存储要求，以及视频存储码流、存储时间等参数，计算出实际存储总容量。 2）考虑视频监控存储方式、热盘备份、存储空间预留等因素，确定合适的存储硬盘数量以及合理的视频存储方案

续表

序号	校核参数	校核过程
5	智能化设备强电配电功率优化	1）根据 UPS 末端设备确定 UPS 实际容量，并考虑一定的电量预留，确定强电配电功率。 2）根据 LED 大屏的屏体面积以及每平方米的平均功耗等参数，确定 LED 大屏的平均用电功率，考虑到屏体开机时的峰值功率约为平均功率的 2 倍，重新确定强电配电功率
6	与机电专业配合	智能化专业设计阶段应与电气、给水排水、电梯、暖通、消防等专业进行协调沟通： 1）信息插座附近需配置强电插座，便于后期使用； 2）楼控系统点表与机电专业设备接口吻合； 3）弱电井、弱电间、机房等接地设置齐全

2.6.4　采购与施工组织协同

2.6.4.1　材料设备供应管理总体思路

为满足建造工期实际需要，工程短期内采购及安装的设备、材料种类及数量集中度高，且多为国内外知名品牌设备、材料，大量的设备、材料采购、供应、储存、周转工作难度大，设备、材料的供应工作是项目综合管理的重要环节，是确保工程顺利施工的关键。

2.6.4.2　采购与施工管理组织

设备、材料供应管理人员组织机构见图 2.6.4-1。

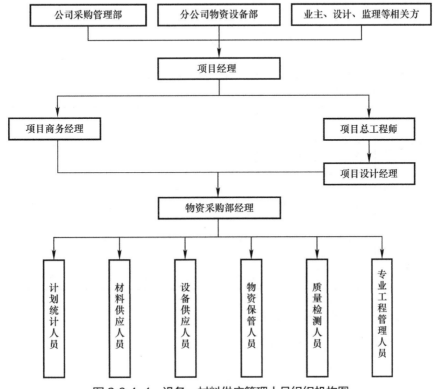

图 2.6.4-1　设备、材料供应管理人员组织机构图

2.6.4.3 采购部门人员配备

（1）工程设备、材料涉及专业多，专业性强，供应量大，协调工作量大，为加大工程物资供应管理工作力度，除配置物资采购工作的负责人，设备、材料采购人员，计划统计人员，物资保管人员以及质量检测人员以外，针对发包方、其他分包商设备材料供应配备的相关协调负责人、协调管理人员，实行专人专职管理，全面做好工程设备、材料供应工作。

（2）供应管理主要人员职责见表 2.6.4-1。

供应管理主要人员职责
表 2.6.4-1

序号	名称	主要职责
1	物资采购部门负责人	1）严格执行招标投标制，确保物资采购成本，严把材料、设备质量关。 2）负责集采以外物资的招标采购工作。 3）定期组织检查现场材料的使用、堆放，杜绝浪费和丢失现象。 4）督促各专业技术人员及时提供材料计划，并及时反馈材料市场的供应情况，督促材料到货时间，向设计负责人推荐新材料，报设计、发包方批准材料代用。 5）负责材料、设备的节超分析，采购成本的盘点
2	设备、材料采购人员	1）按照设备、材料采购计划，合理安排采购进度。 2）参与大宗物资采购的招议标工作，收集分供方资料和信息，做好分供方资料报批的准备工作。 3）负责材料设备的催货和提运。 4）负责施工现场材料堆放和物资储运、协调管理
3	计划统计人员	1）根据专业工程师的材料计划，编制物资需用计划、采购计划，并满足工程进度需要。 2）负责物资签订技术文件的分类保管，立卷存查
4	物资保管人员	1）负责办理物品入库、出库、摆放、标识等工作。 2）做好库存内物料整理、核查、核对工作。 3）负责进场物资各种资料的收集保管。 4）负责进退场物资的装卸、运输
5	质量检测人员	1）负责按规定对材料、设备的质量进行检验，不受其他因素干扰，独立对产品做好放行或质量否决，并对其决定负直接责任。 2）负责产品质量证明资料评审，填写进货物资评审报告，出具检验委托单，签章认可，方可投入使用。 3）负责防护用品的定期检验、鉴定，对不合格品及时报废、更新，确保使用安全

2.6.4.4 材料、设备采购协同管理

材料、设备采购协同管理流程见图 2.6.4-2。

2.6.4.5 材料、设备采购管理制度

材料、设备采购管理制度见表 2.6.4-2。

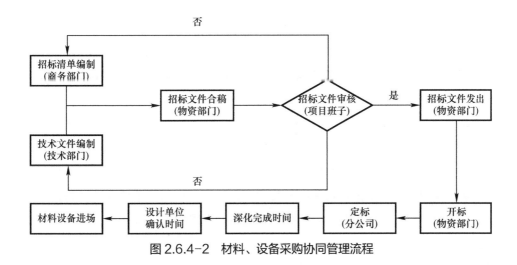

图 2.6.4-2　材料、设备采购协同管理流程

材料、设备采购管理主要制度 表 2.6.4-2

序号	管理项目	主要管理制度
1	采购计划	按照施工总进度计划编制采购计划，设备、材料到场计划，应及时进行物资供货进度控制总结，包括设备、材料合同到货日期、供应进度控制中存在的问题及分析、施工进度控制的改进意见等
2	采购合同	按公司物资管理办法合同条款由供应部统一负责对外签订，其他单位（部门）不得对外签订合同，否则财务部拒绝付款
3	进货到场	签订合同的设备、材料由供应部门根据仓存、工程使用量、工期进度情况实行分批进货。常用零星物资要根据需求部门的需求量和仓储情况进行分散进货，做到物资合理库存，数量品种充足、齐全
4	进场验收	设备、材料进场实行质检人员、物资保管人员、物资采购人员联合作业，对物资质量、数量进行严格检查，做到货板相符，把好设备、材料进场质量关
5	采购原则	采购业务工作人员要严格履行自己的职责，在订货、采购工作中实行"货比三家"的原则，询价后报审核准供应商，不得私自订购和盲目进货。在重质量、遵合同、守信用、售后服务好的前提下，选购物资，做到质优价廉。同时，要实行首问负责制，不得无故积压或拖延办理有关商务、账务工作
6	职业技能学习提高	为掌握瞬息万变的市场经济商品信息，如价格行情等，采购人员必须经常自觉学习业务知识，提高采购工作的能力，以保证及时、保质、保量地做好物资供应工作
7	遵守职业道德	物资采购工作必须始终贯彻执行有关政策法令，严格遵守公司的各项规章制度，做到有令即行、有禁即止，在采购工作中做到廉洁自律、秉公办事、不谋私利

2.6.4.6　材料、设备采购管理

1. 材料、设备需用计划

针对工程所使用的材料、设备，各专业工程师需进行审图核查、交底，明确设备、材料供应范围、种类、规格、型号、数量、供货日期、特殊技术要求等。物资采购部门按照供应方式不同，对所需要的物资进行归类，计划统计员根据各专业的需用计划进行汇总平

衡，结合施工使用、库存等情况统筹策划。

设备、材料需用计划作为制订采购计划和向供应商订货的依据，应注明产品的名称、规格、型号、单位、数量、主要技术要求（含质量）、进场日期、提交样品时间等。对物资的包装、运输等方面有特殊要求时，应在设备、材料需用计划中注明。

2. 采购计划的编制

物资采购部门应根据工程材料、设备需用计划，编制材料、设备采购计划报项目商务经理审核。物资采购计划中应有采购方式的确定、采购人员、候选供应商名单和采购时间等。物资采购计划中，应根据物资采购的技术复杂程度、市场竞争情况、采购金额以及数量大小确定采购方式：招标采购、邀请报价采购和零星采购。

3. 供应商的资料收集

按照材料、设备的不同类别，分别进行设备、材料供应商资料的收集以备候选。候选供应商的主要来源如下：

（1）从发包方给定品牌范围内选择，采购部门通过收集、整理、补充合格供应方的最新资料，将供应商补充纳入公司"合格供应商名录"，供项目采购选择。

（2）从公司"合格供应商名录"中选择，并优先考虑能提供安全、环保产品的供应商。

（3）其他供应商（只有当"合格供应商名录"中的供应商不能满足工程要求时，才能从名录之外挑选其他候选者）。

4. 供应商资格预审

招标采购供应商和邀请报价采购供应商均应优先在公司"合格供应商名录"中选择。如果参与投标的供应商或拟邀请的供应商不在公司"合格供应商名录"中，则应由项目物资采购部门负责进行供应商资格预审。供应商的资格预审见表2.6.4-3。

供应商资格预审要求

表2.6.4-3

序号	项目	具体要求
1	资格预审表填写	物资供应部门负责向供应商发放供应商资格预审表，并核查供应商填写的供应商资格预审表及相关资料，确认供应商是否具备符合要求的资质、能力
2	供应商提供资格相关资料供核查	核查供应商提供的相关资格资料应包括：供货单位的法人营业执照、经营范围、任何关于专营权和特许权的批准文件、经济实力、履约信用
3	经销商的资格预审	对经销商进行资格预审时，经销商除按照资格预审要求提供自身有关资料外，还应提供生产厂商的相关资料
4	其他要求	合格供应商名单内或本年度已进行过一次采购的供应商，不必再进行资格预审，但当供应商提供的材料、设备种类发生变化时，则要求供应商补充相关资料

供应商经资格预审合格后由物资采购部门汇总成"合格供应商选择表"，并根据对供应商提供产品及供应商能力的综合评价结果选择供应商。综合评价的内容根据供应商提供的产品对工程的重要程度不同而有所区别，具体规定见表2.6.4-4。

供应商综合评价表　　　　　　　　　　　　表2.6.4-4

供应商类型	评价内容				
	考察	样品/样本报批	产品性能比较	供应商能力评价	采购价格评比
主要/重要设备	▲	▲	▲	▲	▲
一般设备	△	△	▲	▲	▲
主要/重要材料	▲	▲	▲	▲	▲
一般材料	○	△	▲	▲	▲
零星材料	○	△	▲	△	▲

注：○——根据合同约定和需要选用；▲——必须保留的记录，△——该项评价进行时应保留的记录。

5. 考察

（1）在评价前对入选厂家进行实地考察。考察由物资采购负责人牵头组织，会同发包方、监理及相关部门有关人员参加。

（2）考察的内容包括：生产能力、产品品质和性能、原料来源、机械装备、管理状况、供货能力、售后服务能力、运输情况以及对供应厂家提供保险、保函的能力等。

（3）考察后，组织者将考察内容和结论写入"供应商考察报告"，作为对供应商进行能力评价的依据。

6. 报批审查（表2.6.4-5）

报批审查表　　　　　　　　　　　　表2.6.4-5

序号	项目	主责部门	备注
1	提前确定需求	质量管理部	根据合同约定、发包方要求以及工程实际等情况
2	提交样品/样本报批计划	技术、质量管理部	明确需要报批物资的名称、规格、数量、报批时间等要求
3	样品/样本搜集与询价	采购管理部	附带清单
4	样本/样品送审表	采购管理部	与样品一起报审
5	审批	发包、监理和设计方	定样

7. 综合评价及供应商的确定

供应商的确定主要参照图2.6.4-3。

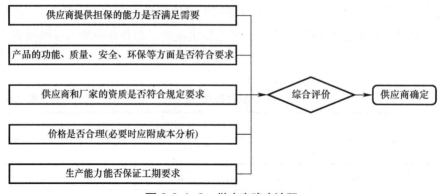

图 2.6.4-3 供应商确定流程

根据上述评价结果选出"质优价廉"者作为最终中标供应商。供应商的确定，由设备材料采购部门提出一致意见，报项目经理批准，提交发包、监理等相关单位审查批准。

8. 签订采购合同

（1）物资采购部门负责人在与供应商商谈采购合同（订单）时，应与供应商就采购信息充分沟通。

（2）在采购合同（订单）中注明采购物资的名称、规格、型号、单位和数量、进场日期、技术标准、交付方式以及质量、安全和环保等方面的内容，规定验收方式以及发生问题时双方所承担的责任、仲裁方式等。

9. 供应商生产过程中的协调、监督

（1）为确保工程各种设备、材料及时、保质、保量供应到位，可派出材料、设备监造人员。

（2）对部分重要设备、材料的生产或供应过程进行定期的跟踪协调和驻场监造。

10. 合理组织材料、设备进场

提前对材料堆放场地合理布置，根据施工总体进度要求，合理安排设备、材料分批进场，同时优先安排重点设备、材料进场，并及时就位安装施工。

2.6.5 总包与专业分包组织协同

2.6.5.1 施工总承包管理组织架构

施工总承包管理组织架构由企业监督保障层、施工总承包项目管理层、专业施工项目部三个层次组成，将各专业分包的组织架构纳入总包组织架构中，详见图 2.6.5-1。

2.6.5.2 施工总承包对进度的协调管理（图 2.6.5-2）

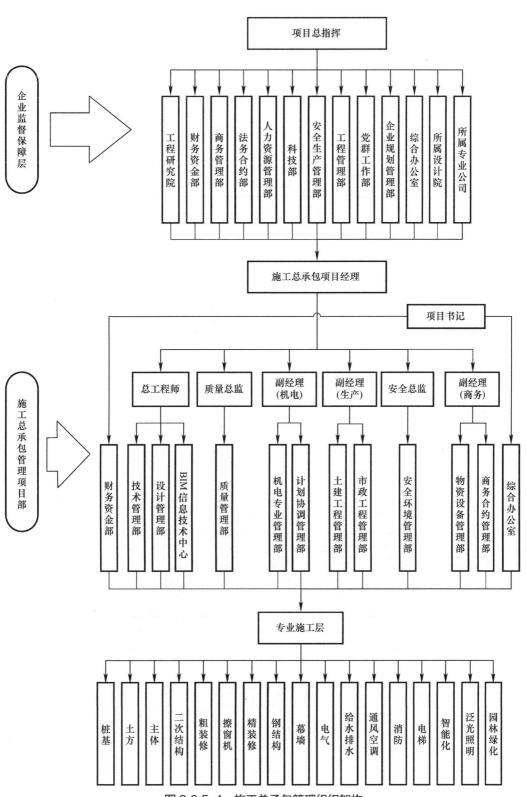

图 2.6.5-1　施工总承包管理组织架构

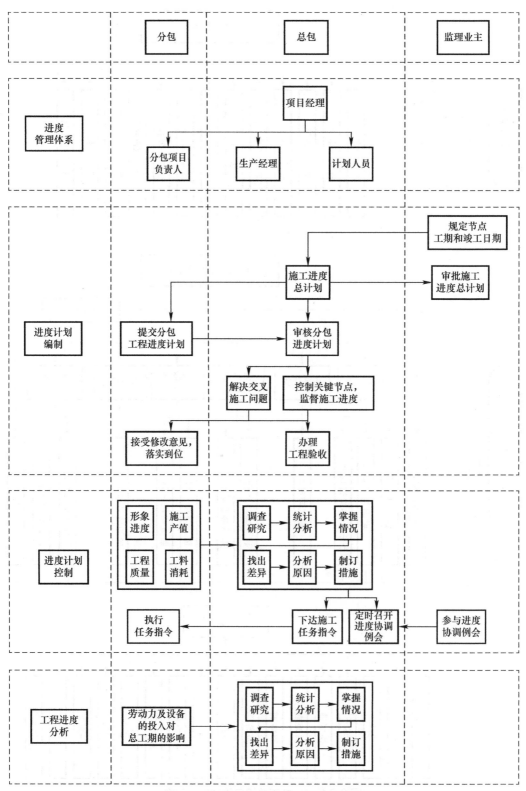

图 2.6.5-2 施工总承包对进度的协调管理流程图

施工总承包单位根据工程工期关键控制点，结合工程特点，编制工程总进度计划，并对各专业分包制订阶段性的工期控制点，采取相应的控制和管理措施。

1. 进度计划管控的对象和组织

（1）进度计划管控对象

工期管控的对象是施工总承包管理的所有项目，包括业主指定分包的项目及影响交工或使用的全部分项。

（2）进度计划管控组织

项目部应建立以项目经理为责任主体，生产经理、计划人员及分包负责人参与的工期管理组织体系。其中，应包含业主指定分包但由总包方负责管理的分包项目负责人。

2. 对分包的管理要求

（1）总承包单位要求各分包单位提交分包工程的各类进度计划，统筹审核各分包工程的进度计划，编制总进度计划并报监理单位审批。总承包单位通过组织协调有效解决不同分包工程、不同工序交叉作业的配合施工问题，确保各分包工程施工进度能按照工程总进度计划实施。

（2）分包单位接受总承包单位对进度计划调整的意见，并按照调整意见落实劳动力、材料、施工机械等的供应配合情况。

（3）总承包单位对关键节点工期进行控制。

（4）总承包单位审核各分包工程施工进度计划，并按业主规定的节点工期和竣工日期办理工程验收。

（5）总承包单位对各分包工程的施工提供必要的协助，对分包工程施工进度进行监督管理。

3. 施工进度计划的控制

（1）主控项：包括形象进度、施工产值、工程质量、工料消耗等内容。计划落实控制期间，应深入现场调查研究，掌握情况并用统计分析方法，找出实际完成情况与计划控制的差异，分析原因，制订措施。

（2）施工进度计划的主要控制措施：

①建立例会制度。施工总承包定期召开计划会议，主要检查计划的执行情况，提出存在的问题，分析原因，研究对策，采取措施。

②下达施工任务指令。施工任务指令由施工总承包生产经理根据施工总进度计划的管控节点签发，工程施工任务书如表 2.6.5-1 所示。

工程施工任务书　　　　　　　　　　　表 2.6.5-1

项目名称					
发往单位					
签发人		联系人		编号	
施工内容					
附图		图纸编号：			
注意事项					
完成时间		年　月　日至　年　月　日			
抄送	部门				
抄报	领导				
	业主				
	监理				
收件人		收文时间		年　月　日	

4. 工程进度分析

计划管理人员定期进行进度分析，掌握指标的完成情况是否影响总目标。劳动力和机械设备的投入是否满足施工进度的要求，通过分析，总结经验，暴露问题，找出原因，制订措施。

2.6.5.3　施工总承包对质量的协调管理

（1）施工总承包质量管理程序详见图 2.6.5-3。

（2）工程施工过程中，总承包单位应重点控制和监督各分包单位关键和特殊工序，详见表 2.6.5-2。

2.6.5.4　施工总承包对施工机具、设备和材料的协调管理

1. 施工机具、设备管理

机具、设备管理工作由施工总承包统一负责，所有进入施工现场的机械设备都必须服从施工总承包的统一调度、统一协调，有计划地进退场。机具、设备的使用必须遵循以下几点：

（1）分包所有进场的施工机具必须提前申报。工程设备申报单必须注明进场机具的型号、数量及有关参数，并在进场时做好登记，将登记表上报施工总承包，并随表附上进场机具的合格证。施工总承包将对进场机具随时检查。

（2）凡是没有进场登记的机具一律拒绝进场。施工总承包对进场机具进行检查时，若发现没有登记的机具将停止其使用。

（3）检验、测量及试验设备须是经政府部门检测合格，并在有效期内。若发现没登记、不合格、已损坏、已过期的，施工总承包有权停止其使用。

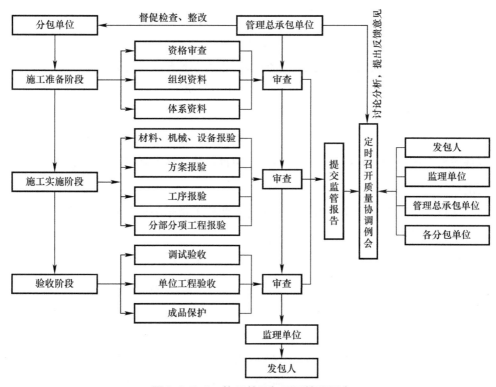

图2.6.5-3　施工总承包质量管理程序

关键和特殊工序 　　　　　　　　　　　　　　　　表2.6.5-2

序号	关键工序、特殊工程项目	控制重点
1	大体积混凝土结构	混凝土原材料控制，各类变形缝处理，温度应力的检测，混凝土养护
2	清水混凝土结构	模板控制，混凝土原材料控制、浇筑控制、养护
3	钢结构制作、安装	原材料理化试验，焊接工艺，吊装方案选择，安装精度和焊接残余应力控制
4	爆破工程	爆破当量控制，位置点控制
5	测量工程	标高控制，测量总控制网的闭合
6	大体积混凝土	混凝土原材料控制，温度检测，浇筑控制，养护
7	防水工程	防水混凝土原材料控制、浇筑控制、养护，卷材防水原材料控制、细部节点做法控制、成品保护等
8	弱电工程	材料控制、系统的接口满足要求
9	电扶梯工程	材料、设备质量控制，系统的接口满足要求，综合管道平衡布置、成品保护
10	机电专业系统调试	机电设备、系统运行的各项性能参数的测定、调整
11	机电系统联合调试	各机电系统间自动控制、协调联动的状况的测试和调整

（4）所使用的机具外壳绝缘必须符合要求，所使用的电源线必须为符合规范要求的电缆线，不得用其他线代替。

（5）所有机具必须做到一机一闸，一漏一箱。三级配电箱的配置必须符合要求。

（6）进入现场的施工机具必须自觉接受施工总承包方机械管理员的检查，对检查中发现的不符合要求的施工机具必须立即停止使用，并在24h内撤出场外。

（7）施工机具在使用时严禁带电移动，接、拆线路必须由专业电工负责。

2. 施工总承包对工程材料的管理

为加强材料管理工作，切实做到科学、合理地使用材料，需遵循"确保质量、满足需要、降低成本"的原则，使材料管理工作做到职责清楚，各专业分包单位进场的材料执行以下规定：

（1）项目的材料管理主要由施工总承包各专业施工员牵头监督管理。物资管理部门主要负责材料设备的询价、订货、采购、报验。

（2）材料报验：各专业分包单位必须设置专职或兼职的材料主管人员，负责材料的报验工作，材料在进场以前填写报验单，包括报送样品，进场数量、规格及有关证书（生产厂家资质证书、质量保证书、合格证、检测试验报告），进行报验，未经报验通过的材料、构配件不得进场。

（3）材料、构配件、设备进场后，24h内须向施工总承包申请材料、构配件、设备的验收。没有验收或验收不合格的材料、构配件、设备不得使用，按施工总承包要求作退场或其他处理。

（4）材料堆放管理：施工总承包对现场的材料堆放场地进行统一规划，指定各专业分包的材料堆放区域。各专业分包须在指定区域分类堆码整齐。

（5）易燃、易爆物品（油漆、稀释剂、氧气、乙炔气等）一律不准在建筑物内储存，须在施工总承包的指定位置搭设符合要求的库房或者随进随用。

（6）所堆放的材料设置明显标识，标识牌的制作符合施工总承包的相关标准。

（7）材料、设备、机具的进出场需做好相关登记核查工作。

高效建造技术

3.1　设计技术选型

3.1.1　建筑专业主要技术选型

3.1.1.1　非承重墙

室内非承重隔墙采用新型墙体材料，可降低劳动强度，加快施工速度。轻质内隔墙材料主要有 ALC 板材、陶粒混凝土板、复合墙板等各类墙板。下面以常见的 ALC 板材为例。

ALC 是蒸压加气混凝土（Autoclaved Lightweight Concrete）的简称，它是以粉煤灰（或硅砂）、水泥、石灰等为主要原料，经过高压蒸汽养护而成的多气孔混凝土成型板材（其中板材需经过处理的钢筋增强），是一种性能优越的新型建材。ALC 板、加气混凝土砌块及轻钢龙骨石膏板主要特点对比见表 3.1.1-1。

ALC 板、加气混凝土砌块、轻钢龙骨石膏板主要特点对比　　　　　表 3.1.1-1

序号	比较项目			ALC 板	加气混凝土砌块	轻钢龙骨石膏板
一	性能对比	1	规格	内部有双层双向钢筋，宽度 600mm，厚度分别为 100、120、150mm 等，可按照现场尺寸定尺加工，最大长度可达 6m	加气砌块为长度 600mm 的常规尺寸；不能定尺生产，内部无钢筋加强	内部为轻钢龙骨、岩棉，外部两侧为双层石膏板及腻子面层，墙体最大高度可达 7m，根据高度设计龙骨大小
		2	隔声	100mm 厚 ALC 板隔声指数为 40.8dB，每块板面积最大可达 3.6m²，性能均匀分布，板缝较少，整体隔声效果好	砌筑时需要砂浆处理，墙面砖缝较多，砖缝不密实时隔声性能降低	轻钢龙骨石膏板内侧填充岩棉，具有较好的隔声吸声功能，石膏板厚度可以根据使用需求不同采用不同厚度，达到较好的隔声效果

序号	比较项目		ALC 板	加气混凝土砌块	轻钢龙骨石膏板
一	性能对比	3　防火	100mm 厚 ALC 板防火时间大于 3.62h。板内部有双层双向钢筋支撑，火灾时不会过早整体坍塌，能有效防火	墙体因无整体网架支撑，火灾时会层层剥落，在短时间内造成坍塌	轻钢龙骨石膏板内侧填充防火岩棉，防火等级 A 级，不燃性建筑材料，防火效果较好，能有效隔断火灾
		4　结构	墙板不需要构造柱、配筋带、圈梁、过梁等任何辅助、加强的结构构件	需设置混凝土圈梁、构造柱、拉结筋、过梁等以增加其稳定性及抗震性	墙板根据墙体厚度采用不同龙骨，无须设置构造柱、配筋带、圈梁、过梁等任何辅助、加强结构构件
二	工期对比	1　块板安装	可以按照图纸及现场尺寸实测实量定尺加工生产，精度高，可以直接进行现场组装拼接，安装施工速度快	加气砌块为固定尺寸，不能定尺生产，且需准备砌筑砂浆等，施工速度慢	轻钢龙骨石膏板采用尺寸为 1200mm×2400mm 的单块板，根据现场尺寸实测实量切割拼接安装
		2　辅助结构	不需要构造柱、圈梁和配筋带辅助，工期较短	需要构造柱、圈梁等，工期较长	不需要构造柱、圈梁和配筋带辅助，工期较短
		3　装饰抹灰	可以直接批刮腻子，施工速度快	需要挂钢丝网进行双面抹灰且湿法施工，速度慢	可以直接批刮腻子，拼缝处挂玻纤网，施工速度快
三	工序对比	1　工序工种	单一工序及工种即可完成墙体施工	需搅拌、吊装、砌筑、钢筋、模板、混凝土、抹灰等多个工序及工种交叉施工方可完成整个墙体，耗时、费力	单一工序及工种即可完成墙体施工
四	经济对比	1　材料	假定价格（运输到施工现场）为 90 元 /m²（以 100mm 厚 ALC 板作内墙为例）	200mm 厚的加气块到工地价格约为 180 元 /m³；折合单价为 36 元 /m²	假定价格（运输到施工现场）石膏板、龙骨（75mm）轻钢龙骨（1.2mm 一道穿心龙骨，轻钢龙骨 50mm）等材料费 295.25 元 /m²
		2　砌筑	只需板间挤浆，材料费约为 8 元 /m²；安装人工和工具费用约为 30 元 /m²	砌筑砂浆及搅拌、吊装等约为 8 元 /m²；砌筑人工约为 24 元 /m²	无（轻钢龙骨石膏板无须砌筑）
		3　抹灰	无（ALC 板不用抹灰，直接批刮腻子）	双面抹灰砂浆及搅拌、吊装、钢丝网等约为 15 元 /m²；双面抹灰人工费约 25 元 /m²	无（轻钢龙骨石膏板不用抹灰、钉眼除锈、嵌缝石膏补缝、白乳胶贴牛皮纸、补缝、批刮腻子）
		4　抗震构造	无（ALC 板不用拉结筋、构造柱、圈梁或配筋带等抗震构造）	砌块墙体需设拉结筋、构造柱、圈梁或配筋带，材料和人工费用造价约合 30 元 /m²	无（无须拉结筋、构造柱、圈梁或配筋带等抗震构造）

续表

序号	比较项目		ALC 板	加气混凝土砌块	轻钢龙骨石膏板
四	经济对比	5 措施费取费	无（ALC 板可由厂家负责施工，价格一次包干，无措施费及定额取费）	框架结构墙体工程措施费及定额取费约为 30 元 /m²	无（轻钢龙骨施工无措施费）
		最终价格	100mm 厚 ALC 板墙体直接和间接造价不大于 130 元 /m²	加气砌块墙体直接和间接造价不低于 168 元 /m²	轻钢龙骨石膏板综合单价 347.64 元 /m²

3.1.1.2 玻璃幕墙

单元式玻璃幕墙：是指由各种墙面板与支承框架在工厂加工成完整的幕墙结构基本单位，直接安装在主体结构上的建筑幕墙。

框架式玻璃幕墙：是将工厂内加工的构件运到工地，按照工艺要求将构件逐个安装到建筑结构上，最终完成幕墙安装。

单元式玻璃幕墙施工特点见表 3.1.1-2。

单元式玻璃幕墙施工特点 表 3.1.1-2

性能说明	高效建造优点	缺点
1）施工工期短，大部分工作是在工厂完成的，现场仅为吊装就位、就位固定，工作量占全部幕墙工作量的份额很小。幕墙吊装可以和土建同步进行，使总工期缩短。 2）可以设计出各种不同风格的异形幕墙，使建筑物发挥最佳艺术效果。 3）由于采用对插接缝，使幕墙对外界因素的变形适应能力更好；采用雨幕原理进行结构设计，从而提高幕墙的水密性和气密性。 4）单元板块在工厂内组装，质量控制好	1）幕墙质量容易控制。 2）现场施工简单、快捷，较好管理。 3）可容纳较大结构位移。 4）防水性能较好；易实现高性能幕墙的要求；能够适应现代建筑发展的需要	1）修理或更换比较困难。 2）单元式幕墙的铝型材用量较高，成本较采用相同材料的框架式幕墙高

综合推荐意见：

（1）单元式幕墙适合具有标准单元规格的玻璃幕墙，因为面板和构件都是在工厂内组装好后整件吊装的，系统的安全性容易保证。但是单元式幕墙对前期资金占用大，土建施工精度要求高。另外，设计难度大，人工总成本高，材料品种多，单位面积耗材量大，综合单价 1200～3000 元 /m²，总体造价较高。

（2）框架式幕墙能满足大多数普通幕墙工程及设计造型要求，对土建施工精度要求一般，现场处理比较灵活，应用最为广泛。框架式幕墙综合单价 800～1500 元 /m²。

（3）在单元造型标准化程度高、造价允许的情况下，优先推荐采用单元式幕墙。

3.1.2　结构专业主要技术选型

3.1.2.1　基础选型

建筑基础设计的首要任务是确定基础形式。而基础形式的确定必须综合考虑地基条件、结构体系、荷载分布、使用要求、施工技术和经济性能。目前，超高层建筑采用的基础形式主要有箱形基础、筏形基础、桩筏基础、桩箱基础，桩基础形式主要有预应力混凝土管桩、钢筋混凝土灌注桩、钢管桩。超高层建筑层数多、荷载大，基础一般选用桩筏基础和桩箱基础。各桩基类型适用情况见表 3.1.2-1。

超高层建筑桩基形式　　　　　　　　　表 3.1.2-1

桩基础类型	适用范围	优点	缺点	高效建造适用性
预应力混凝土管桩	施工环境比较宽松、承载力要求比较低的超高层建筑	成本低，施工高效，桩身质量易控	挤土效应强烈，桩密集时沉桩困难，承载力有限	优先选用
钢筋混凝土灌注桩	广泛适用	施工设备投入小，成本较低，承载力大，环境影响小	桩身质量不易控制，成孔速度慢，费工费时	管桩承载力无法满足时优先选用
钢管桩	特别重要、规模巨大的超高层建筑	施工质量易控，承载力大，对邻近建筑物影响小，施工高效	成本高，对施工环境影响大	—

3.1.2.2　上部结构选型

超高层上部结构体系的选型必须基于安全、适用和经济的原则，同时需考虑结构抗侧效率、抗震性能、质量和施工可行性等问题。

（1）200m 以下超高层结构体系选用见表 3.1.2-2。

200m 以下超高层结构体系　　　　　　　表 3.1.2-2

建筑物高度	常用结构体系	高效建造适用性
100～150m	框架—剪力墙、剪力墙、钢筋混凝土框架—核心筒、钢框架—核心筒、型钢混凝土框架—核心筒、钢管混凝土框架（钢管混凝土柱＋钢梁）—核心筒	优先选用：钢筋混凝土框架—核心筒
150～200m	钢筋混凝土框架—核心筒、钢框架—核心筒、型钢混凝土框架—核心筒、钢管混凝土框架（钢管混凝土柱＋钢梁）—核心筒、筒中筒	无预制率要求时优先选用：型钢混凝土框架—核心筒，有预制率要求时优先选用：钢管混凝土框架（钢管混凝土柱＋钢梁）—核心筒

（2）200m 以上超高层建筑可采用的结构体系主要有：框架—核心筒—伸臂桁架＋环带桁架、巨型柱框架—核心筒—伸臂桁架＋环带桁架、支撑桁架筒—核心筒（带环带桁

架）、斜交网格筒—核心筒等结构体系。不同体系的平立面布置如图 3.1.2-1 所示。

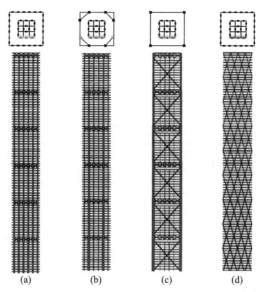

图 3.1.2-1　超高层不同结构体系的外框架平立面图

（a）框架—核心筒；（b）巨型柱框架—核心筒；（c）支撑桁架筒—核心筒；（d）斜交网格筒—核心筒

各体系指标对比见表 3.1.2-3。

200m 以上超高层结构体系对比　　　　　　表 3.1.2-3

结构体系方案	结构抗侧效率	结构造价	建筑使用功能、立面效果	施工难度与速度	综合评价	案例
框架—核心筒—伸臂桁架＋环带桁架	C	B	A	B	B	长沙国金中心（438m）
巨型柱框架—核心筒—伸臂桁架＋环带桁架	A-	A-	A	B	A-	深圳平安国际金融中心（598m）、武汉绿地中心（610m）、上海金茂大厦（420m）
支撑桁架筒—核心筒（带环带桁架）	A	B	B	B	B+	广州东塔（530m）、天津高银 117 大厦（597m）、上海环球金融中心（492m）、沈阳宝能环球金融中心（568m）、北京中信大厦（528m）、天津周大福金融中心（530m）
斜交网格筒—核心筒	A	B	C	C	B-	广州西塔（432m）、深圳中信金融中心（311m）

从表 3.1.2-3 可以看出，若综合考虑结构抗侧效率、结构造价、建筑使用功能和立面效果、施工难度与速度等因素，巨型柱框架—核心筒为最优方案，支撑桁架筒—核心筒次之。

3.1.3   给水排水专业主要技术选型

现对超高层建筑给水排水专业设计中集中典型的常用系统形式分别叙述。

3.1.3.1   生活供水形式对比

超高层建筑给水系统优先考虑串联分区供水方式；结合避难层合理设置生活转输水箱（表3.1.3-1）。

生活给水系统形式

表3.1.3-1

序号	比较项	市政水直供	利用各转输水箱作为高位水箱，对下部区域重力供水	生活转输水箱+变频设备加压供水
1	设置部位	地下室区域裙房部分楼层（视市政水压大小而定）	塔楼	塔楼
2	节能性	节能	节能	一般
3	供水稳定性	相对稳定	稳定	稳定
4	机房占地面积	无	较小（相对变频供水）	较大（相对重力供水）
5	初投资	较低	较低（相对变频供水）	较高（相对重力供水）
6	后期维护	较方便	较方便	一般
7	卫生安全性	高	一般	高
8	适用建筑类别	所有	办公楼	酒店
9	推荐系统及推荐原因	充分利用市政压力，节能	办公楼采用此系统，供水安全性高，节能	酒店采用此系统，冷热水同区，保证系统内冷、热水的压力平衡，达到节水、用水舒适的目的

3.1.3.2   消火栓系统减压

超高层建筑的消防给水系统中，每一级都存在着必须减压分成2～3个分区的问题。由于建筑给水管道和配件的最大工作压力一般在2.4MPa，因此建议系统每级工作压力不要超过2.4MPa，否则会增加系统造价，这就成为串联泵分级的实际依据。根据《消防给水及消火栓系统技术规范》GB 50974—2014：如果系统工作压力大于2.40MPa，则消火栓栓口处静压大于1.0MPa，自动水灭火系统报警阀处的工作压力大于1.60MPa或喷头处的工作压力大于1.20MPa，超过此压力值也应进行分区给水。分区的方式可以是设置减压阀进行，也可以通过设置减压水箱实现（表3.1.3-2）。

消火栓系统减压

表3.1.3-2

序号	比较项	减压阀	减压水箱
1	优点	系统简单，省地方，投资较小	减压可靠，有利于串联水泵吸水，不易产生串压现象

续表

序号	比较项	减压阀	减压水箱
2	缺点	失效时，引起串压问题，影响系统管配件正常运行，要求经常检查	机房占地大，易产生噪声，投容较大
3	推荐系统及推荐原因	对于超高层而言，串压是一个比较严重和值得关注的问题，虽然发生几率不大，但后果较严重，所以在建筑及资金条件许可的情况下，应优先考虑设置减压水箱	

3.1.4 暖通专业主要技术选型

3.1.4.1 新能源形式对比

超高层空调冷热源的选择应根据项目所在地气候特征、能源结构、建筑物功能业态、建筑物面积和功能来确定（表 3.1.4-1）。

能源系统形式对比　　　　　　　　　　　　　表 3.1.4-1

冷热源形式	冷水机组＋锅炉	直燃型溴化锂机组	蓄冷＋锅炉
原理	制冷机通过电制冷，并通过冷却塔向室外空气散热；锅炉通过燃烧油或天然气制热	通过燃烧油或天然气制冷制热	基本原理与冷水机组＋锅炉一致，可利用夜间低谷期制冰（水）蓄冷，白天用电高峰期释冷
特殊要求	无	无	有峰谷电价差的项目较为有利
性能	制冷效率全年稳定；压缩机做功，机器损耗较大，备品备件相对较多；锅炉循环水做好水处理，运行年限可很长，损耗不大	效率取决于直燃机组的真空度，若真空度降低，COP 指数下降较快，故在使用几年之后，机器效率衰减迅速。热交换做功，对机器损耗少，备品备件少	制冷效率全年稳定；压缩机做功，机器损耗较大，备品备件相对较多；锅炉循环水做好水处理，运行年限可很长，损耗不大
调节范围	常规离心机组可在30%～100% 范围调节；在30%以下负荷运行时可能会产生喘振。锅炉可根据末端采暖负荷的变化开启台数及确定运行时间，调节性能好	吸收式制冷负荷可在20%～100% 范围调节。当冷却水温度低于23℃时，有可能引起结晶，导致运行故障	常规离心机组可在30%～100% 范围调节；在30%以下负荷运行时可能会产生喘振。锅炉可根据末端采暖负荷的变化开启台数及确定运行时间，调节性能好
检修维护	制冷主机及锅炉均可利用反季停机时间进行检修、保养	对于全年运行设备综合使用率较高的项目，负荷高峰期机器故障停机维修对用户影响较大	制冷主机及锅炉均可利用反季停机时间进行检修、保养
环保性	使用环保冷媒塔楼屋顶需预留烟囱	溴化锂溶液无毒无味，对环境无影响。使用燃气驱动溴化锂机组需要烟囱	使用环保冷媒塔楼屋顶需预留烟囱

机房需求	需专门的制冷机房和锅炉房（且需泄爆）	较小，为制冷机房＋锅炉房总面积的 70%～90%	较大，其中冰蓄冷为常规制冷机房＋锅炉房总面积的170%～180%；水蓄冷机房面积较常规冷水机组＋锅炉房的面积增加不多，可将蓄冷水罐放置在室外
室外占地面积	无	无	无
噪声	冷却塔放置在地面绿化带时噪声较大	冷却塔放置在地面绿化带时噪声较大	冷却塔放置在地面绿化带时噪声较大
控制系统要求	相对简单	相对复杂	较复杂
施工便利性	系统较为常规，但设备配套多，安装较复杂	系统复杂，需大量的配套设施，安装工程量大	系统复杂，需大量的配套设施，安装工程量大
施工周期	较短	较长	长
使用寿命	30 年以上	6～8 年	30 年以上
初投资	300～400 元 /m² （建筑面积）	400～450/m² （建筑面积）	400～600 元 /m² （建筑面积）
推荐性意见	常规采用电制冷机组＋锅炉作为产能设备；在峰谷电价和场地条件具备时，可采用水蓄冷 / 冰蓄冷集中供冷系统，有助于实现以"满足空调负荷需要并节省系统运行费用"为基本原则的运行策略			

3.1.4.2　超高层末端空调形式对比（表 3.1.4-2）

超高层末端空调形式对比　　　　　　表 3.1.4-2

比较项	全空气变风量（VAV）系统	风机盘管＋新风	多联机＋新风
原理	属于全空气系统，通过改变送风量，维持送风温度恒定的空调系统	属于空气—水系统，通过控制水路电磁阀进行温度控制	属于冷媒系统，通过手动三档风量或自动就地恒温控制
机房占用面积	空调与冷热源可以集中布置在机房，机房面积较大，层高要求较高	末端设备分设于服务区内，新风机房设于设备层，相对占用机房面积小	末端设备分设于服务区内，新风机房设于设备层，相对占用机房面积小。若采用全热回收形式的新风机组，可无须新风机房
吊顶高度	因属于全空气系统，风管较粗，占用吊顶高度大，机电空间约需700mm	风机盘管可布置在梁间，新、排风管道较细，总体占用高度较小，机电空间约需400mm	室内机可布置在梁间，新、排风管道较细，总体占用高度较小，机电空间约需400mm

续表

控制系统	系统控制复杂，若控制不利，则能耗大幅提高，对自动控制要求较高，自控成本也较高	风机盘管控制可由三速开关或BA进行控制，较为简单。自控成本一般	室内机控制可由三速开关或BA进行控制，较为简单。自控成本一般
节能性	通过改变房间送风量而节约风机的能耗。节能性较好	节能效果较差，末端设备多，用电量较大	室外机变频，部分负荷工况下，节能效果较好
舒适性	良好的舒适性，室内温度可根据个人要求进行调节	温度调节进入BA控制，可实现温度调节良好。可分内外区域控制冷暖需求	因冷媒温度的限制，冬夏季送风温差较大，舒适性一般
噪声	末端若采用直连风口或无运行部件的单风道VAV Box，噪声小；风机型VAV Box低频噪声难以消除，噪声较大	风机盘管中有旋转部分（风机、电机），因而噪声取决于旋转部分的质量	室内机设备较多，噪声较大
灵活性	大空间若划分较多的小房间，则调整难度较大	可以适应不同布局，灵活、方便	可以适应不同布局，灵活、方便
空气品质	全空气系统，占用机房面积较大，可以采用粗、中、高效过滤器净化空气，空气品质高	需设置新风机组，但机房面积小。新风机组虽经过过滤杀菌，但新风量较小，大量空气还是由室内循环，总体空气品质较全空气系统差	需设置新风机组，但机房面积小。新风机组虽经过过滤杀菌，但新风量较小，大量空气还是由室内循环，总体空气品质较全空气系统差
检修	直连风口或末端皆为单风道VAV Box的系统检修同定风量全空气系统，较为简单；末端采用风机型VAV Box及采用再热盘管的系统，检修较复杂，且有漏水隐患	末端设备分布较广，管路较多，检修较为复杂，水管还存在漏水隐患，检修系统影响范围大	末端设备分布较广，但各系统有其独立性，检修对整体系统影响范围小
施工便利性	不便利	较便利	便利
施工周期	较长	较短	短
初投资	500~600/m²（含冷热源，建筑面积）	350~400元/m²（含冷热源，建筑面积）	450~500元/m²（含冷热源，建筑面积）

3.1.5 电气专业主要技术选型

现对超高层电气专业设计中的几种技术方式进行对比分析。

3.1.5.1 高压柴油发电机组与低压柴油发电机组的比较

依据规范要求，建筑高度大于150m的超高层公共建筑的消防用电为一级负荷中的特别重要负荷，应设置柴油发电机作为应急电源。根据建筑内特别重要负荷以及消防负荷的分布情况，可设置高压柴油发电机组或低压柴油发电机组，具体技术经济性分析详见

表 3.1.5-1。

高压柴油发电机组与低压柴油发电机组对比表

表 3.1.5-1

序号	比较项	低压机组	高压机组
1	结构	柴油机、发电机、底座、控制屏、附件等	除采用高压发电机外，其余与低压机组相同
2	容量	可多台机组并列运行，单台最大功率可达近2000kW	可多台机组并列运行，单台最大功率可达近2500kW
3	输送距离	输送距离较短	输送距离较长
4	损耗	在输配电线路中损耗较大	在输配电线路中损耗较小，基本不存在输送发热问题
5	成本	设备初期投资较少，维护成本较低，低容量、短距离有较大优势，高容量、长距离使用时成本将远远高于高压机组	设备初期投资较大，维护成本较低，对于大容量、长距离输配电具有明显优势
6	操作维护	操作使用较为简单，对操作使用人员要求较低	操作使用较为复杂，对操作使用人员要求较高，必须具有相应高压操作证才能操作
7	配置	配置较为简单	配置较为复杂，尤其在发电机及输出配电柜方面，同时在各区域还要配置中压 ATS 或专用降压变压器
8	安全	安全性能较高，技术较为成熟，技术门槛较低	安全性能较高，技术较为成熟，技术门槛较高
9	推荐性意见	供电距离不大于 200m 时，推荐优先选用低压柴油发电机组	供电距离大于 200m 或末端压降不满足要求，并经过经济技术比较选用高压柴油发电机组更合理时，推荐选用高压柴油发电机组

3.1.5.2 楼上变配电所变压器运输方式的比较

超高层建筑由于高度高，供电半径大，常于避难层设置分变配电所，应结合建筑专业、电梯专业综合考虑变压器的垂直运输问题，包括首次设备安装及日后维修、更换，具体技术经济性分析详见表 3.1.5-2。

楼上变配电所变压器运输方式对比表

表 3.1.5-2

序号	比较项	货梯运输	电梯井运输	变压器拆分运输	设置平台吊装
1	配置	货梯载重大，轿厢尺寸大，需满足变压器载重量和本体尺寸	电梯井道尺寸大于变压器本体尺寸	拆解部件重量应满足电梯荷载要求	避难层设置可伸出室外的吊装平台
2	初装	通过电梯垂直运输至避难层，避难层核心筒走道、开门需满足要求	通过电梯井道垂直运输至避难层，避难层核心筒走道、开门需满足要求	通过电梯井道垂直运输至避难层	通过室外吊装至避难层

序号	比较项	货梯运输	电梯井运输	变压器拆分运输	设置平台吊装
3	维护、更换	二次搬运方便	需拆除电梯曳引绳,在井道内安装专业提升设备,存在破坏电梯导轨及随缆等设备设施,造成重新采购安装验收的风险	装配完成后应按国家标准要求进行重新试验,包括绕组直流电阻、绝缘电阻、工频耐压试验等	需拆除平台处的叫拆卸百叶,吊装过程中存在破坏外立面幕墙的风险
4	安全	安全性能高	安全性能较高	安全性能低,试验工艺复杂,影响变压器的性能	安全性能较高
5	施工	技术门槛低,施工难度低	运输工艺复杂,施工难度大	施工难度较大	施工难度大
6	成本	大荷载货梯初始投资大	维修代价大	投资较小	投资较小
7	推荐性意见	根据项目特点、定位、安全性以及成本控制等多方面、多维度综合分析			

3.2　施工技术选型

3.2.1　基坑工程

基坑工程施工技术选型见表 3.2.1-1。

基坑工程施工技术选型

表 3.2.1-1

序号	结构类型		常见结构组合	应用特点及适用条件		工期/成本	应用工程实例
	名称	适用条件		优点	缺点		
1	支挡式结构（锚拉式）	1）基坑等级为一级、二级、三级。 2）适用于较深的基坑。 3）锚杆不宜用在软土层和高水位的碎石土、砂土层中。 4）当邻近基坑有建筑物地下室、地下构筑物等，锚杆的有限锚固长度不足时，不应采用锚杆。 5）当锚杆的损害或违反城市地下空间建筑物的规划等规定时，不应采用锚杆。 6）排桩适用于可采用降水或截水帷幕的基坑	现浇混凝土灌注桩排桩——锚拉式（支撑式、悬臂式）	1）桩端持力层便于检查，质量容易保证，桩底沉渣宜控制。 2）各容易得到较高的单桩承载力，可以扩底，以节省桩身的混凝土用量	1）受地下水位影响较大，地下水位较高时，施工要注意降水排水。 2）透水性较大的砂层不能采用。 3）桩长不宜过长，施工时应采取严格的安全保护措施。 4）受雨期雨天影响比较大。 5）孔壁混凝土养护同隙长，需要较多劳动力，成桩功效较低等	功效较低，需要安全要求特高，锚杆、锚索，劳务分包费用：125元/m	绿地山东国际金融中心项目
2	支挡式结构（支撑式）	1）基坑等级为一级、二级、三级。 2）适用于较深的基坑。 3）锚杆不宜用在软土层和高水位的碎石土、砂土层中。	现浇混凝土灌注桩排桩（机械成孔）——锚拉式（支撑式、悬臂式）	1）地下水位较高时，不用降水即可施工，基本不受雨期雨天的影响。 2）机械施工，施工时对周围的现状影响较小。	1）桩底沉渣难以处理，桩身泥土影响侧壁摩阻力发挥。 2）在中风化岩层很难扩底，单桩承载力难以提高。	机械成孔安全性较高，施工效率3～5根/（d·机）（30m左右）	绿地山东国际金融中心项目

续表

| 序号 | 结构类型 | | 常见结构组合 | 应用特点及适用条件 | | 工期/成本 | 应用工程实例 |
	名称	适用条件		优点	缺点		
2	支挡式结构（支撑式）	4）当邻近基坑有建筑物地下室、地下构筑物等，锚杆的有限锚固长度不足时，不应采用锚杆。 5）当锚杆施工会造成基坑周边建筑物的损害或违反城市地下空间规划等规定时，不应采用锚杆。 6）排桩适用于可采用降水或截水帷幕的基坑	现浇混凝土灌注桩排桩（机械成孔）——锚拉式（支撑式、悬臂式）	3）钻孔桩可以灵活选择桩径，降低浪费系数。 4）适用于桩身较长的桩基础。 5）可以解决地层中的孤石问题	3）废弃泥浆多，不环保，现场施工环境要求高。 4）在冲击岩层遇孤石时速度慢。 5）若桩孔处于岩层面起伏较大部位，易产生斜孔	机械成孔安全性较高，施工效率 3~5 根/（d·机）（30m左右）	绿地山东国际金融中心项目
3	支挡式结构（双排桩）	1）基坑等级为一级、二级、三级。 2）适用于锚拉式、支撑式和悬臂式不适应的条件。 3）锚杆不宜用在软土层和高水位的碎石土、砂土层中。 4）当邻近基坑有建筑物地下室、地下构筑物等，锚杆的有限锚固长度不足时，不应采用锚杆。 5）当锚杆施工会造成基坑周边建筑物的损害或违反城市地下空间规划等规定时，不应采用锚杆。 6）排桩适用于可采用降水或截水帷幕的基坑	双排灌注桩（悬臂式） 双排SMW桩（悬臂式）	1）结构简单，施工方便，有利于基坑采用大型机械开挖。 2）双排桩主要起负担的作用，前排桩起到兼受拉的双重作用。 3）双排桩支护结构形成空间网格构，增强支护结构自身的稳定性和整体刚度。 4）在受施工条件限制时，悬臂双排桩支护体系是代替桩锚支护结构的一种良好的支护形式，施工简单、速度快，投资相对少	1）双排桩的桩间距需根据地质条件受力计算复杂。 2）设计受力计算属于超静定分析，对施工质量要求较高。 3）基坑周边必须留有一定的空间以用于双排桩周的布置和施工	特殊使用范围，机械施工方便，安全可靠	绿地山东国际金融中心项目

续表

序号	名称	适用条件	常见结构组合	应用特点及适用条件 优点	应用特点及适用条件 缺点	工期/成本	应用工程实例
4	土钉墙（复合土钉墙）	1）基坑等级为二级、三级。 2）适用于地下水位以上或采取降水的非软土基坑,且基坑深度不宜大于12m	复合土钉墙	1）稳定可靠,经济性好,效果较好,在土质较好地区应积极推广。 2）施工噪声,振动小,不影响环境。 3）土钉墙成本费较其他支护结构显著降低	1）需土方配合分层开挖,对工期要求紧,工地需投入较多设备。 2）不适用于没有临时自稳能力的淤泥土层	工期适中,成本较低	绿地山东国际金融中心项目
5	放坡	1）施工场地满足放坡条件。 2）放坡与上述支护结构形式结合。 3）基坑等级为三级	自然放坡	1）造价低廉,不需要额外支付支护成本。 2）工艺简单,技术含量较低,工期短,方便土方开挖	1）需要场地宽广,周边无建筑物和地下管线,具备放坡坡度要求条件。 2）土方回填量大,坡顶变形较大,不能堆载大荷载	工期适中,成本较低	绿地山东国际金融中心项目

3.2.2 地基与基础工程

地基与基础工程施工技术选型见表3.2.2-1。

地基与基础工程施工技术选型 表3.2.2-1

序号	名称	适用条件	高效建造优缺点	工期/成本	案例
1	地基 素土（天然地基）	岩土层为风化残积土层、全风化岩层、强风化岩层或中风化软岩层,可采用天然地基	优点：不需要对地基进行处理就可以直接放置基础的天然土层。当土层的地质状况较好,承载力较强时,可以采用天然地基	地质允许条件下优先选用	绿地山东国际金融中心项目

续表

序号	名称	适用条件	高效建造优缺点	工期/成本	案例
2	地基 其他地基	1）砂石桩复合地基。适用于挤密松散砂土、素填土和杂填土等地基，饱和黏性土等地基并主要不以变形控制的工程，也可采用砂石桩作置换处理。 2）高压旋喷注浆地基。适用于处理淤泥、淤泥质土、黏性土、砂土、人工填土和碎石土地基。当地基中含有较多的大粒径块石、大量植物根茎或有机质时，应根据现场试验结果确定其适用性。对地下水流速过大，喷射浆液无法在注浆管周围凝固等情况不宜采用。 3）水泥土搅拌地基。水泥土搅拌法适用于处理正常固结的淤泥与淤泥质土、黏性土、粉土、饱和黄土、素填土以及无流动地下水的饱和松散砂土等地基。不宜用于处理泥炭土、塑性指数大于25的黏土、地下水具有腐蚀性以及有机质含量较高的地基。若需采用时必须通过试验确定其适用性。 4）其他复合地基。在确定地基处理方案时，宜选取不同的地基处理方法进行比选。对复合地基而言，方案选择是针对不同土性、设计要求的承载力提高幅度，选取适宜的成桩工艺和增强体材料	优点： 1）对饱和黏土地基上变形控制不严的工程也可采用砂石桩置换处理，使砂石桩与软黏土构成复合地基，加速软土的排水固结，提高地基承载力。 2）高压旋喷复合地基处理技术。解决了在岩溶地区保证工期且成桩难于成桩孔（冲）的技术难题，地基处理效果显著。提高了基础施工的安全性。高压旋喷地基加固现象效果显著，除地基加固外，也可作为深基坑或大坝的止水帷幕，目前最大处理深度已超过30m。 3）当地基的天然含水量小于30%（黄土含水量小于25%），大于70%或地下水的pH值小于4时不宜采用此法。连续搭接的水泥搅拌桩可作为基坑的止水帷幕，受其搅拌能力的限制，该法在地基承载力大于140kPa的黏性土和粉性土地基中应用有一定难度。 4）利用软弱土层作为持力层时，可按下列规定执行： （1）淤泥和淤泥质土，宜利用其上覆较好土层作为持力层，当上覆土层较薄时，应采取施工时扰动软弱土层和淤泥质土的措施； （2）冲填土、建筑垃圾和能稳定的工业废料，当均匀性和密实度较好时，均可利用作为持力层； （3）有机质含量较多的生活垃圾和对基础有侵蚀性的工业废料等填土，未经处理不宜作为持力层。局部软弱土层以及暗塘、暗沟等，可采用基础梁、换土、桩基或其他地基处理方法处理。在选择地基处理方法时，应综合考虑地质条件和水文地质条件、建筑物对地基的要求，建筑结构类型和基础形式、周围环境条件、施工条件等因素，经过技术经济指标比较分析后择优采用	地基处理设计时，应考虑上部结构、基础和地基的共同作用，必要时应采取有效措施，加强上部结构的刚度和强度，以增加建筑物对地基不均匀变形的适应能力。 对已选定的地基处理方法，宜按建筑物地基基础设计等级，选择代表性场地进行相应的现场试验，并进行必要的测试，以检验设计参数和加固效果，同时为施工质量检验提供相关依据	—

续表

序号		名称	适用条件	高效建造优缺点	工期/成本	案例
3	地基	3:7灰土回填	基坑四周回填	优点:1)强度增长后水稳性好，强度较高。2)阻水性能好。缺点:1)石灰材料采购难度大。2)产生扬尘污染，环保压力大，污染天气无法施工。3)受雨期天气影响较大，施工期间遇水质量受到影响。4)接小工作面不宜压实。	成本稍高	绿地山东国际金融中心项目
4	地基	素混凝土回填	基坑四周回填	优点:1)分层浇筑，密实度好。2)水稳性好，后期浸泡在水中也不会软化、失陷。3)基本不受天气影响，施工进度快。缺点:费用高。	工期短，但成本高	—
5	地基	泡沫混凝土回填	基坑四周回填	优点:1)分层浇筑，密实度好。2)水稳性好，后期浸泡在水中也不会软化、失陷。3)施工进度快。缺点:1)费用高。2)施工过程中灰尘较大。	工期短，成本较高	—
6	基础	泥浆护壁成孔灌注桩	1)在地质条件复杂、持力层埋藏深、地下水位高等不利于人工挖孔及其他工艺成孔工艺时，优先选用此工艺。	优点:1)适用不同土层。2)桩长可因地改变，无接头;直径可达2m，桩长可达88m。3)仅承受轴向压力时，只需配置少量构造钢筋，按工作荷载要求布置(相对于预制桩)筋，节约制桩筋。4)正常情况下，比预制桩经济。5)单桩承载力大。6)振动小，噪声小。7)钻孔灌注桩具有入土深、能进入岩层、刚度大、承载力高、桩身变形小等优点，适应性强。	施工速度慢，每天能完成4~5根20~30m的桩基;成本较低。直径1m的钻孔灌注制桩320元/m³劳务费，钢筋笼制作安装550元/t。	绿地山东国际金融中心项目

续表

序号	名称	适用条件	高效建造优缺点	工期/成本	案例
6	基础 泥浆护壁成孔灌注桩	2) 桩端、桩周持力条件比较好的各种大型、特大型工程和对单桩承载力要求特别高的特殊工程（如桥梁、超高层建筑、高炉、转炉、高塔、特大吊装设备等）	缺点： 1) 桩身质量不易控制，易出现断桩、缩颈、露筋和夹泥。 2) 桩身直径较大，孔底沉积物不易清除干净，因而单桩承载力变化较大。 3) 一般不宜用于水下桩基；设钢围堰除外	单根桩钢筋笼超过9t时730元/t	绿地山东国际金融中心项目
7	基础 干作业成孔灌注桩基础（人工挖孔桩）	1) 适用于持力层在地下水位以上的的各种地层，或地下水较少、成桩质量容易控制的地区。 2) 适用于承受较大荷载的一些大型（构）筑物，业建筑和城市高层建（构）筑物。 3) 适用于无水或渗水量较小的填土、黏性土、粉土、砂土、风化岩地层	优点： 1) 单桩承载力高，充分发挥桩端土的端承力。单桩可以承受至几万千牛荷载。抗震性能好。 2) 施工时下放钢筋笼方便、易清底。 3) 人工开挖，质量易于保证，适用于狭小空间。 4) 当土质复杂时，可以边挖掘边用肉眼验证土质情况。 5) 无噪声、无振动、无废泥浆排出等公害。 6) 可多人同时进行若干根桩施工，桩底部易于扩大。 缺点： 1) 持力层地下水位以下难以成孔。 2) 人工开挖效率低、需要大量劳动力。 3) 挖孔过程中有一定的危险，一旦塌孔往往造成严重后果。 4) 在扩底时若因支护方案不当，易造成扩底部位坍方， 5) 对安全要求高，如有害易燃气体、空气稀薄、漏电保护等	较机械成孔，成本低	绿地山东国际金融中心项目
8	基础 长螺旋钻孔压灌桩	1) 长螺旋压浆桩用于干作业法施工。 2) 长螺旋钻孔压灌桩，适合地下水丰富地质。 3) 长螺旋钻孔桩，适用于一般黏性土及其填土、粉土、季节性冻土和膨胀土、非自重湿陷性黄土等；特殊土层，如淤泥和淤泥质土、碎石土、中间有砂砾石夹层，可采用钻孔压灌桩	优点： 1) 过程中无预埋水泥浆或泥浆护壁，效率高、质量稳定，使用成本低。 2) 工艺先进、施工设备简单、技术成熟、成桩速度快，无噪声、无污染	地质条件适合时，效率高、成本低，但有很明确的适用条件	绿地山东国际金融中心项目

3.2.3 混凝土工程

混凝土工程施工技术选型见表 3.2.3-1。

混凝土工程施工技术选型　　　　　　　　　　表 3.2.3-1

序号	方案名称	适用条件	技术特点	高效建造优缺点	工期/成本	工程案例
1	钢筋桁架楼承板施工技术	超高层外框平台混凝土结构	预制装配式钢筋桁架楼承板+现浇混凝土	优点： 1）可有效提高建设装配率，符合国家政策导向。 2）预制装配式可以提前介入，具有建筑设计标准化、构配件生产工厂化、施工装配化、管理信息化的特点，效果美观。 3）不需要搭设模板脚手架。 缺点：深化设计及管理难度大	可缩短施工周期	绿地山东国际金融中心项目
2	盘扣式脚手架施工技术	大空间混凝土结构	模数化杆件、配件，实现快速安拆	优点： 1）安装和拆卸过程简单，结构稳固。 2）部件可高低纵横任意调节。 3）不需要任何辅助连接材料。 4）重复使用率高，降低成本。 5）省时省工省料，有安全保障	可缩短施工周期，成本稍比传统脚手架高。租赁费10~11元/（d·t），普通钢管3~4元/（d·t），搭设费与普通钢管持平，周转效率相对普通钢管要高	绿地山东国际金融中心项目
3	普通钢管扣件式脚手架体系	所有满堂架体系	扣件式钢管脚手架是通过直角扣件、旋转扣件等将立杆、水平杆等进行连接，直角扣件和旋转扣件上有2套紧固螺栓，每个扣件连接2根钢管	优点： 1）货源充足。 2）操作简单，熟练工人多。 3）不存在模数限制，间距、高度等可以随意组合。 缺点： 1）材料质量差，壁厚有不达标现象。 2）工人操作复杂，施工过程中易发生杆件缺少现象	工期稍长，造价相对便宜	绿地山东国际金融中心项目
4	定型钢模板	超高层顶模	适用于超高层核心筒截面尺寸较多，变化较大的情形	优点：减少木模板投入，混凝土观感质量得到提升；周转率高。 缺点：一次性投入成本高，冬期不宜采用	加快工期，成本较高	绿地山东国际金融中心项目

3.2.4 钢结构工程

钢结构施工技术选型见表 3.2.4-1。

钢结构工程施工技术选型   表 3.2.4-1

序号	方案名称	适用条件	技术特点	高效建造优缺点	工期/成本	工程案例
1	整体提升施工技术	桁架结构	整体结构进行地面拼装，采用液压同步提升系统对结构进行整体同步提升，提升就位后安装次杆件	优点： 提升施工，自动化程度高，通过设备的扩展组合，提升质量、跨度、面积不受限制，即能够有效保证高空安装精度，减少高空作业量，且吊装过程动荷载极小，安全性好，能够有效缩短工期。提升部分的地面拼装、整体提升可与其余部分平行作业，充分利用了现场施工作业面，有利于总体工程施工组织。 液压提升设备设施体积、质量较小，机动能力强，倒运和安装、拆除方便	减少拼装及支撑所需胎架等材料用量；减少吊装机械用量以及对其他专业的施工影响和干扰；减少高空作业和焊接，保证拼装精度和施工作业安全，缩短整体施工工期	绿地山东国际金融中心项目
2	既有结构上塔式起重机应用技术	场地狭小，既有结构承载力大的钢结构工程施工	塔式起重机选型，对既有结构的承载力验算（包括结构的抗剪、抗弯、抗切和局部承压验算），设置埋件固定在结构上，当验算不通过时，对结构进行加固处理，经验算加固合格后安装塔式起重机	优点： 1）采用既有结构上塔式起重机应用技术，将塔式起重机设置在结构上，可以大大提高施工效率，节约工期。 2）配合设置行走式塔式起重机，可增加吊装范围及灵活性	充分利用既有结构，避免或尽量减少加固，节省技术措施材料，节省成本。塔式起重机吊装范围广，布置灵活，施工效率高，可大幅节约工期	绿地山东国际金融中心项目
3	无支撑大悬挑施工技术	雨棚结构、悬挑结构	通过受力软件及 BIM 软件施工模拟，计算并设置悬挑结构预起拱值，合理设置分段安装与焊接顺序，安装过程测量数据与模型数据实时对比反馈，进行误差调整	优点：无支撑大悬挑施工技术，可在狭小场地下进行，并且不影响下部结构其他专业施工，有利于总体工程施工组织。 缺点：对测量精度要求高，安装精度与焊接质量较难控制	无大悬挑施工技术安装过程中，取消临时支撑，节省措施、吊装机械、人工成本，经济效益好，不影响其余结构施工，缩短项目整体工期	绿地山东国际金融中心项目

3.2.5　屋面工程

屋面工程施工技术选型见表 3.2.5-1。

屋面工程施工技术选型　　　　　　　　　表 3.2.5-1

序号	方案名称	适用条件	技术特点	高效建造优缺点	工期 / 成本	工程案例
1	部分装配式施工技术	跨度小于 36m 的钢结构金属屋面工程	自身质量轻，安装方便，所用材料规格统一，通用性较强	优点：提高装配率，原材料、构件等可以实现工厂化加工制作，现场占用场地少。缺点：运费有一定增加，运输产生一定的损耗	有利于缩短工期，成本相对偏高	绿地山东国际金融中心项目
2	全部采用现场施工技术	混凝土屋面工程	自身质量大，属于传统施工工艺	优点：造价低。缺点：不利于高效建造，施工周期长	工期较长，成本相对偏低	绿地山东国际金融中心项目

3.2.6　幕墙工程

幕墙工程施工技术选型见表 3.2.6-1。

幕墙工程施工技术选型　　　　　　　　　表 3.2.6-1

方案名称	适用条件	技术特点	高效建造优缺点	工期 / 成本	工程案例
单轨起重机安装施工技术	超高层	立面单元幕墙采取单轨起重机安装	优点：通过在主体结构上制作起重机导轨，减少施工成本；有利于与超高层立面的交叉施工作业	可以大大缩短施工周期，节省措施费用，措施成本相对较低	绿地山东国际金融中心项目

注：1）深化设计必须提前，在进行幕墙深化设计之前，协助专业分包单位提供与之有关的基础条件，使其在设计时考虑周全，避免设计缺陷。深化设计完成节点不得影响预留预埋工作。

2）深化设计工作需联合多家专业（按单位），如钢结构、精装修、金属屋面、屋面虹吸排水等，防止不同专业存在冲突，影响工期。

3）审核合格的深化设计图纸，交发包方 / 监理单位 / 设计单位审批，并按照反馈回来的审批意见，责成幕墙分包单位进行设计修改，直至审批合格。

4）幕墙招标时，附带提供土建结构施工进度计划及外脚手架搭拆时间安排，作为投标单位编制幕墙施工进度计划和安排脚手架的参考依据；充分考虑机械设备搭配脚手架、吊篮、曲臂车的使用。

5）幕墙单位进场时，需提交幕墙深化设计详图（包括加工图），以便玻璃及金属幕墙能提前加工。

6）土建施工时，幕墙单位需根据图纸安装幕墙预埋件，确保不影响主体结构施工进度。

3.2.7　非承重墙工程

非承重墙工程施工技术选型见表 3.2.7-1。

非承重墙工程施工技术选型　　　　　　　　表 3.2.7-1

序号	名称	适用条件	高效建造优缺点	工期 / 成本	工程案例
1	蒸压加气混凝土砌块墙	适用于各类建筑地面（±0.000）以上的内外填充墙和地面以下的内填充墙	优点： 1）湿作业施工。 2）产品规格多，可锯、刨、钻。 3）体积较大，施工速度快。 4）部分区域蒸压加气混凝土砌块可代替部分外墙保温	泥瓦工平均施工 3m³/（d·人），按 200mm 墙厚，施工 15m²/（d·人）	绿地山东国际金融中心项目
2	轻质板墙安装	质量轻、强度高、多重环保、保温隔热、隔声、呼吸调湿、防火、快速施工、降低墙体成本等。通常分为 GRC 轻质隔墙板（玻璃纤维增强水泥）、GM 板（硅镁板）、陶粒板、石膏板	优点： 1）干作业，装配式施工。 2）运输简捷，堆放卫生，无须砂浆抹灰，大大缩短工期。 3）材料损耗率低，减少建筑垃圾	一般 3 人一组，按常用的 120mm 墙厚，可施工 30~50 m²/（组·人）。（施工速度与工作面条件有关，在大面墙体施工时优势明显）	绿地山东国际金融中心项目
3	轻钢龙骨石膏板墙安装	有质量轻、强度较高、耐火性好、通用性强且安装简易的特性，有适应防振、防尘、隔声、吸声、恒温等功效，同时还具有工期短、施工简便、不易变形等优点	优点： 1）通用性强。 2）施工简单、便捷。 3）劳动强度低。 4）施工进度快，适用于工期紧张的情况	一般 2 人一组，每天可施工 30~40m²；平均施工 15~20m²/（d·人）	绿地山东国际金融中心项目

3.2.8　机电工程

机电工程施工技术选型见表 3.2.8-1。

机电工程施工技术选型　　　　　　　　表 3.2.8-1

序号	名称	适用条件	技术特点	高效建造优缺点	工期 / 成本	工程案例
1	BIM 管线综合排布技术	管线密集区	建立模型，虚拟施工	优点：模型更直观，降低综合管线设计难度，综合排布可以进行碰撞检查，管线布置更合理、经济、美观，节约工期、成本，节省空间。 缺点：对建模人员要求高，投入成本较大，设计速度慢	加快施工，增加管理成本	沈阳华强城市广场一、二期总承包工程
2	地面辐射供暖	开阔房间、大厅	PE—RT 盘管施工	优点：地面辐射供暖方式效率高，热量集中在人体受益的高度内；传送过程中热量损失小；低温地面辐射供暖可实行分层、分户、分室控制，用户可根据情况进行调控，有效节约能源。采用地面辐射供暖增加了保温层，具有非常好的隔声效果。	施工慢，成本高，使用效果好	沈阳华强城市广场一、二期总承包工程，绿地山东国际金融中心

续表

序号	名称	适用条件	技术特点	高效建造优缺点	工期/成本	工程案例
2	地面辐射供暖	开阔房间、大厅	PE—RT盘管施工	缺点：对层高有80mm左右的占用，此处需在设计时即进行考虑。地面辐射供暖不易维修；施工繁琐，需各专业配合，当地市政供暖不足时，采暖效果不好	施工慢，成本高，使用效果好	沈阳华强城市广场一、二期总承包工程，绿地山东国际金融中心
3	散热器供暖	有采暖需求的房间	散热器安装	优点：安装容易，维修简单；各房间可利用散热器上的温控阀单独调节房间温度；升温快，温度高，温度调节反应较地板采暖灵敏，并且容易观察；在湿度大的地区，利用对流可以减小湿度。缺点：占用室内空间，房间内整体观感降低，节能效果比地板采暖差。末端管件连接及管道固定较为复杂	施工快，成本低	沈阳华强城市广场一、二期总承包工程
4	成品支架	抗震支架、综合管线支架等机电安装支吊架	半成品安装	优点：施工方便，随实际情况还能进行调整或拆卸，安装速度快，并且成品支架零部件可重复使用。成品支架属于半成品的加工和装配，对材料的浪费较少，同时具有良好的兼容性，各专业可共用同一支架。成品支架具有良好的防腐和防锈能力，后期维护起来简单、方便。缺点：现场施工具有局限性，对于现场特殊情况的支架不能做到预判	施工快，成本高	沈阳华强城市广场一、二期总承包工程，绿地山东国际金融中心
5	传统支架	除抗震支架外的所有机电安装支吊架	预制焊接安装	优点：可根据现场实际情况，按照实际需求下料，焊接安装。缺点：在施工时需要焊接和预钻孔，角钢、槽钢预制焊接难免带来误差，影响工程质量，造成隐患，贻误工期。同时，在焊接和刷漆过程中会产生刺激性气体，危害施工作业人员身体健康	施工慢，成本低	沈阳华强城市广场一、二期总承包工程
6	冷（热）水系统	有制冷、换热机房或能源中心	机房施工，镀锌钢管施工	优点：各房间风机盘管通过管道与冷热水机组相连，靠其所提供的冷热水来向室内供冷和供热。水系统布置灵活，独立调节性好，舒适度非常高，能满足复杂房型分散使用、各个房间独立运行的需要。缺点：需要专门设置机房，维护较为复杂，容易漏水，或被水垢堵塞，维修费用较高。人工成本较高，阀门管件较多。室内机、室外机机组运行时噪声较大	施工慢，成本低	沈阳华强城市广场一、二期总承包工程

续表

序号	名称	适用条件	技术特点	高效建造优缺点	工期/成本	工程案例
7	全空气系统	适用于所有空间全部打开,对温度无差别化要求的空间	风管施工,空调机组安装	优点:初投资较低。 缺点:风管占据空间大,不易与装饰配合。需要一个专门的设备机房放置空调机组,由于所有的功率集中在一台内机,噪声较大,需做好隔声措施	施工慢,成本低	沈阳华强城市广场一、二期总承包工程
8	智能疏散	普遍适用	需要单独的控制线	优点:智能消防疏散系统由控制主机、消防应急电源、消防应急标志灯具、消防火灾报警主机、火灾探测器等多种设备组成。该系统具有人机交互界面,可对应急标志灯具实时巡检,并与报警主机系统联动,在有火灾发生时根据起火位置智能选择最佳逃生路线,进行疏散指示。 缺点:前期投入成本较高	施工慢,成本高,使用功能强	沈阳华强城市广场一、二期总承包工程
9	传统疏散	普遍适用	正常配管、配线	优点:安装方便、快捷。 缺点:疏散方向一成不变,在发生火灾时无法选择一条更安全的疏散路线。疏散系统没有主机的集体控制模式,在检修时需要逐一检查。增加后期运营成本投入	施工快,成本低,使用功能弱	沈阳华强城市广场一、二期总承包工程
10	机械制弧	弧形结构内管道	制弧机制作弧形管道	优点:管道成型质量可控,可机械化批量生产。管道安装整体弧度均匀,与建筑造型相匹配,成排管线观感好。 缺点:只适用于钢管材质,并且钢管表面油漆或镀锌层有一定程度破坏时,需二次修复	施工快,成本较高	沈阳华强城市广场一、二期总承包工程
11	吊顶转换层综合利用	医院街(层高超高)	吊顶转换层制作成钢构转换层,装饰安装共用	优点:高大空间吊顶转换层制作成钢构转换层,实现机电和装饰共用,便于机电施工,节省工程成本。 缺点:需要深化设计	工期不受影响,降低施工成本	沈阳华强城市广场一、二期总承包工程
12	酚醛风管	空调系统	酚醛板材裁切,专用插条安装	优点:节省风管保温施工工序,相较于镀锌薄钢板风管提高了风管加工效率,极大地缩短了施工周期,节省工程成本。 缺点:材料易破坏,需加强材料保护和成品保护	施工快,成本低	沈阳华强城市广场一、二期总承包工程

续表

序号	名称	适用条件	技术特点	高效建造优缺点	工期/成本	工程案例
13	市政冷源	市政供冷	取消常规制冷机房，建筑内供热供冷全部由市政管道引入	优点：无须配建制冷机房，减少机房占地和投资。 缺点：制冷受外部条件制约，存在制冷效果不佳的隐患；部分区域需配建小型制冷机房	施工快，成本低	绿地山东国际金融中心

3.2.9　装饰装修工程

3.2.9.1　精装修设计方案流程图（图 3.2.9-1）

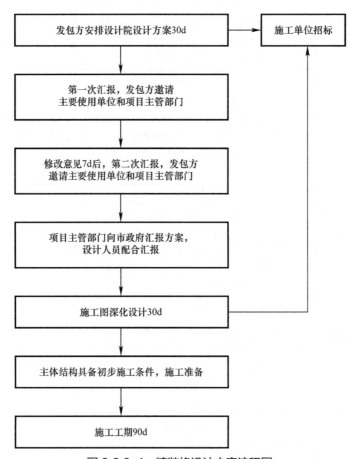

图 3.2.9-1　精装修设计方案流程图

3.2.9.2　装饰装修工程关键技术

装饰装修工程关键技术见表 3.2.9-1。

装饰装修工程关键技术   表 3.2.9-1

序号	名称	适用条件	技术特点	高效建造优缺点	工期/成本	工程案例
1	办公楼地砖冲缝铺贴	走廊地砖缝隙与办公室地砖冲缝,无过门石	地砖排板,优先确定走廊排板,根据走廊排板确定房间排板	优点:实现创奖要求,满足业主需求。走廊地砖与办公室地砖缝隙全部冲齐,且没有出现小于半砖的情况。 缺点:地砖切割量大	现场机械切割施工快,现场切割成本比厂家低	山东黄金国际广场
2	成品吸声板墙顶面	机房与泵房吸声墙顶面	饰面板+成品配套卡式龙骨	优点:成品免漆吸声板,模块化、标准化安装程度高,成品配套卡式龙骨无锚固,满足装饰、吸声、设计效果,质量观感效果好。 缺点:易污染,划痕处理出现色差,需整板更换	施工效率高,面层安装完成后直接成活,成本比传统工艺后期涂刷乳胶漆要低	山东黄金国际广场
3	板块面层吊顶	办公室及会议室吊顶	饰面板+轻钢龙骨、成品配套挂件	优点:施工快,满足装饰、设计效果。 缺点:需要安装单位定位预留,易污染	施工效率高,工序少,工期短,成本比石膏板吊顶高	山东黄金国际广场
4	墙面、顶板定制铝板	一层大厅及通道墙面	饰面板+钢龙骨	优点:根据现场尺寸、形状经过数控折弯等技术成型,满足装饰设计效果,质量观感效果好,后期易维护。 缺点:局部破坏、划痕不易修复,需整块更换	施工速度快	山东黄金国际广场
5	条形铝方通吊顶	四层餐厅吊顶	氟碳喷涂铝方通+卡式龙骨	优点:施工工序少,吊顶通风透气,线条整齐,观感质量好,便于吊顶设备检修。 缺点:由于标高低,对内部结构基层细部处理要求高	施工快,比石膏板吊顶成本低	山东黄金国际广场
6	活动地板地面	室内地面	钢板壳结构水泥填充	优点:成品板,安装快捷,无环境因素制约,施工效率高,后期维修少。面层与地毯接触无分层,可二次利用,观感良好;可任意增加布线,调整方便。 缺点:边上收口处由于切割强度下降,容易产生形变	安装方便,施工周期短,可实现金属板的各种设计效果,提升大空间装饰档次	山东黄金国际广场
7	软膜灯花吊顶	会议厅吊顶	PE透光与半透明光膜+成品灯珠	优点:PE双层膜结构透光均匀,增加大厅照度;造型规整,四周为椭圆成品铝合金框架,生产精度高,质量观感效果佳;成品可调色灯珠盘,根据需要增减固定模数。 缺点:需要较深的灯池,影响吊顶高度,浅灯槽照度不均匀,出现黑斑	施工质量得到明显提升,工程成本有所加大,工期有所增加	山东黄金国际广场

3.2.10 智能化工程

智能化安装规划方案见表 3.2.10-1。

智能化安装规划方案 表 3.2.10-1

序号	名称	适用条件	技术特点	高效建造优缺点	工期/成本	工程案例
1	地下室车位引导桥架及管路安装规划	地下室车位引导系统桥架安装、管路敷设	结合标识图纸精细测量＋与机电专业进行综合排布	优点： 1）通过施工前期沟通标识专业并结合标识图纸明确车位桥架及管路具体位置，提升桥架管路安装精确性和减少施工周期。 2）提前会同机电专业进行综合排布，降低后期返工概率，完工后成品更整齐、美观。 缺点： 1）需一直高度保持与各专业的沟通，管理力度大，施工精度要求高。 2）后期标识图纸变更会造成车位桥架安装误差	施工工期短，损耗小，成本比未规划低	绿地山东国际金融中心项目
2	弱电线缆穿线规划	线缆敷设	通过精细算量＋规划配比提高弱电线缆穿线效率	优点： 1）通过将综合布线、视频监控系统网线敷设各点位编号，根据已编号的综合布线、视频监控平面图、桥架排布图、弱电间大样图、建筑结构图等确定所需线缆的水平、竖直长度，以及相关预留长度，进行精细化算量。 2）六类非屏蔽双绞线标准规格为305m，光纤1000m，通过凑整规划，将要整合的区域用不同颜色在表格中标注，穿线时严格按照此规定进行施工，能够有效提高穿线效率。 3）其他弱电系统（诸如门禁、楼控、入侵系统）同理，按照综合计算后由远及近的顺序，依次进行线缆敷设。 缺点： 对前期计算精度要求较高	施工快，成本比未经规划时节省	绿地山东国际金融中心项目
3	室外管网施工规划	管路敷设	通过弱电室外管道与电气、给水排水管道的走向路径对比进行路径优化，节约施工成本、施工时间	优点： 1）通过弱电室外管道与电气、给水排水管道的图纸对比进行路径优化，相同走线的弱电管道可在电气或给水排水管道开挖沟槽内保持规范距离进行弱电管道的敷设。 2）避免了重复开挖沟槽，节省施工成本，节约施工时间。	施工快，成本比未经规划时节省	绿地山东国际金融中心项目

续表

序号	名称	适用条件	技术特点	高效建造优缺点	工期/成本	工程案例
3	室外管网施工规划	管路敷设	通过弱电室外管道与电气、给水排水管道的走向路径对比进行路径优化，节约施工成本、施工时间	3）弱电管道和电气或给水排水管道在同一个沟槽内，由于弱电管道管径尺寸相对小，可避免回填后上方表面压力带来的管道破坏。 缺点： 沟槽内放置弱电管道一定要做好位置固定，防止回填时管道水平偏移造成与其他管道距离不够引起的信号干扰等影响	施工快，成本比未经规划时节省	绿地山东国际金融中心项目
4	线缆沟内各系统线缆敷设规划	线缆敷设	通过精细算量＋规划配比提高弱电线缆穿线效率	优点： 1）通过将综合布线、视频监控系统网线及其他系统线缆敷设各点位编号，根据已编号的各系统平面图、桥架排布图、弱电间大样图、建筑结构图等确定所需线缆的水平、竖直长度，以及相关预留长度，进行精细化算量。 2）算好每个展位处线缆的根数及长度后，可进行相应线缆的截取并绑扎，然后直接一次性穿到相应位置，快捷、准确、高效。 缺点： 对算量精度要求较高	施工快，成本比未经规划时节省	绿地山东国际金融中心项目

智能化安装技术方案见表 3.2.10-2。

智能化安装技术方案　　　　　　　　　　表 3.2.10-2

序号	名称	适用条件	技术特点	高效建造优缺点	工期/成本	工程案例
1	同路径下管改桥架技术	前端管路繁多	管改桥架	优点： 1）适用所有管路繁多的区域。 2）节省材料，整齐、美观。 3）大大降低人工成本。 缺点： 未严格按照图纸要求施工，需提前跟设计方沟通	施工快，成本低	绿地山东国际金融中心项目
2	设备预安装技术	设备安装	定制的设备如需提前配盘，则DDC箱体提前进行配盘安装	优点：DDC箱体进场前进行箱体配盘，保证质量，提高效率。 缺点：对前期的输入输出点数需有精准计算，若前期有疏漏则存在点位不足造成的箱体内空间不足、不能继续增配等问题	施工快，成本比未经规划时节省	绿地山东国际金融中心项目

序号	名称	适用条件	技术特点	高效建造优缺点	工期/成本	工程案例
3	系统模拟调试技术	系统调试	在系统正式调试之前,先将系统软件架构搭设及点位录入制作完成,再制作成镜像文件拷入各系统工作站	优点: 1)在楼层接入交换机安装于弱电间之前,首先进行各交换机的系统软件配置,避免去各弱电间单独调试引起工期延长。 2)在调试计算机中进行各系统的软件架构搭建以及前端点位、后端管理设备的所有信息的录入工作。待相关信息录入完成后,刻录成镜像光盘,等系统进入调试阶段时再将镜像光盘内的内容拷贝至各系统工作站及服务器中,减少大量后期调试时间,缩短工期。 缺点:需做好前期各系统点位信息规划	施工快,成本比未经规划时节省	绿地山东国际金融中心项目
4	弱电井机柜及设备预装配技术	机柜安装	在弱电间机柜现场安装前,首先将机柜内的各类配件、设备排布安装,进场后直接将机柜安装于相应位置即可	优点: 1)前期进行安装施工,大量节省后期现场安装时间。 2)机柜内设备由专业厂家进行安装,相较于现场工人操作,安装质量及美观度显著提高。 缺点: 前期机柜排布需精确,若计算失误可能导致机柜内设备位置全部重新排布,甚至导致机柜空间不足	施工快,成本比未经规划时节省	绿地山东国际金融中心项目
5	弱电井智能集中散热	强弱电间等机房密集、设备集中、空间散热能力差的设备用房	采用独立的复合通风管道,沿电井竖向敷设,同一个轴的竖向电间内共用一台多联机,达到一台多用的制冷效果	优点: 1)达到制冷设备一台多用的制冷效果。 2)每个电间内出风口都装有电动风阀,可以进行风量调节,最大化地降低能耗。 3)根据各房间温度大小调节电动风阀的开度大小,实现各房间的温度平衡。 4)所有的房间温度、空调机、电动阀的有关运行参数均实现计算机上位机的监控,所有设定可以由上位机软件实现	施工快,成本低,不影响建筑整体结构及各系统构架	绿地山东国际金融中心项目
6	空调集中节能控制	高空作业强度大的制冷机房及空调机房	通过设备排布及线缆敷设路由规划以及控制柜内走线的布局,使整个施工过程更加有效率,实现的功能更加完善	优点: 1)通过智能化、互联化的管理平台及现场强弱电一体、软硬件一体的智能电控单元,进行远程控制及自动调节。 2)使用BIM软件,对机柜内各个压线段位置进行排序,规划线缆进线路由。 3)线缆在桥架内敷设路由制作简易 4)线缆敷设过程中的分层理线模式	施工快,成本略有增加	绿地山东国际金融中心项目

续表

序号	名称	适用条件	技术特点	高效建造优缺点	工期/成本	工程案例
7	开放式办公区集中布线	点位集中、进线量大、电信间较小且需要不时地改变电缆和导线布线系统的开放式场地	通过点位布局及线缆路由规划管理，可以有效地节约线缆的用量和提高生产效率，同时提供易于维护、便于管理的舒适工作环境	优点： 减少综合布线的建筑结构的预埋管线，满足隐蔽、美观、利于维护的要求。 缺点： 需要配合架空地板使用	操作简单，施工速度快，无成本增加	绿地山东国际金融中心项目

3.3 资 源 配 置

3.3.1 物质资源

超高层物资采购要结合工程位置、工程设计形式，及时、快速地建立物资信息清单，通过整合公司内部资源和外部资源，获得材料的技术参数、价格信息并及时反馈至设计单位，设计单位根据物资采购信息进行整合选型，达到高效建造的目的。

超高层工程专项物资信息见表 3.3.1-1。

超高层项目物资信息表 表 3.3.1-1

序号	材料名称	材料数量	厂家名称	使用项目名称
1	爬模	1套	江苏揽月模板工程有限公司	绿地山东国际金融中心项目
2	顶模	1套	江苏揽月模板工程有限公司	绿地山东国际金融中心项目
3	动臂塔式起重机	3台	山东中建众力设备租赁有限公司	绿地山东国际金融中心项目
4	灌浆料	326套	青岛巨泰隆新型建材有限公司	青岛海天大酒店项目
5	人防门	846套	山东四方伟业人防器材有限公司	青岛海天大酒店项目
6	垃圾通道	122套	佛山市南海保达建筑机械设备有限公司	青岛海天大酒店项目
7	会议室弱电	511套	青岛永发光电显示工程有限公司	青岛海天大酒店项目
8	电梯平台	298套	潍坊市腾鸿钢结构工程有限公司	青岛海天大酒店项目
9	消防水箱	25套	青岛华远暖通设备有限公司	青岛海天大酒店项目
10	综合布线系统	4套	施耐德电气（中国）有限公司武汉分公司	天津周大福金融中心项目
11	门禁系统	4套	广州泰尚信息系统有限公司	天津周大福金融中心项目

续表

序号	材料名称	材料数量	厂家名称	使用项目名称
12	防火门	9754套	青岛牧城门业集团有限公司	青岛海天大酒店项目
13	铜管	32498套	上海希盈实业有限公司	青岛海天大酒店项目
14	道路标识	40套	深圳柯赛标识工程有限公司	青岛海天大酒店项目
15	艺术灯具	3178套	中山嘉达灯饰有限公司	青岛海天大酒店项目
16	泛光照明	33183套	上海复升智能科技有限公司	青岛海天大酒店项目
17	人防标识	814套	青岛爱尼通讯科技有限公司	青岛海天大酒店项目
18	TSD阻尼器	2套	北京筑信润捷科技发展有限公司	海天大酒店改造项目（海天中心）一期工程
19	航空灯	2套	重庆越朗机场助航设备有限公司	重庆来福士广场项目施工总承包工程（B标段）
20	航空障碍灯	4套	上海新视觉航标有限公司	重庆来福士广场项目施工总承包工程（B标段）

3.3.2　设备资源

整合工程设备信息库，在设计过程中，根据参数筛选可供选用的设备，确保设备选型、品牌选择、设备采购、设备安装快速实现，超高层项目设备信息见表3.3.2-1。

超高层项目设备信息表 表3.3.2-1

序号	材料名称	厂家名称	设备数量	使用项目名称
1	塔式起重机监控	共友时代（北京）科技股份有限公司	7	青岛海天大酒店项目
2	污水泵	上海中泉泵业制造有限公司	21	青岛海天大酒店项目
3	污衣槽	深圳市永民环卫设备工程有限公司	29	青岛海天大酒店项目
4	换热器	北京特高换热设备有限公司	26	青岛海天大酒店项目
5	洗衣房设备	济南得力机械设备有限公司	22	青岛海天大酒店项目
6	水箱阻尼器	北京筑信润捷科技发展有限公司	84	青岛海天大酒店项目
7	弹簧隔振器	隔而固（青岛）振动控制有限公司	200	青岛海天大酒店项目
8	换热器	浙江杭特容器有限公司	24	青岛海天大酒店项目
9	擦窗机	安利玛赫高层设备（上海）有限公司	3	青岛海天大酒店项目

整合公司内部和外部施工机械设备，提前选定合适的施工机械，保证施工机械的快速就位，从而保证超高层的高效建造，超高层项目施工机械信息见表3.3.2-2。

超高层项目采用施工机械设备信息表　　　表3.3.2-2

序号	机械名称	机械型号	机械数量	厂家名称	使用项目名称
1	运输车辆	随车吊	3	青岛鸿运岛起重设备安装工程有限公司	青岛海天大酒店项目
2	运输车辆	随车吊	4	青岛众成鑫泰物流有限公司	青岛海天大酒店项目
3	运输车辆	随车吊	3	青岛盛阳物流有限公司	青岛海天大酒店项目
4	汽车式起重机租赁	汽车式起重机	5	青岛正元昌工程机械设备租赁有限公司	青岛海天大酒店项目
5	汽车式起重机租赁	汽车式起重机	5	崂山区东鑫顺起重机械租赁部	青岛海天大酒店项目
6	汽车式起重机租赁	汽车式起重机	3	青岛青建大诚起重有限公司	青岛海天大酒店项目
7	塔式起重机租赁	ST7027、S450、QTZ153 塔式起重机	4	山东中建物资设备有限公司	青岛海天大酒店项目
8	塔式起重机租赁	6022 /ZSL380/ ZSL500/ ZSL1000/ ZSL1150/ ZSL1500/ M440D	24	中昇建机（南京）重工有限公司	重庆来福士项目
9	塔式起重机租赁	T2-1 动臂吊	1	青岛中建众鑫设备租赁有限公司	青岛海天大酒店项目
10	标准节	塔式起重机标准节	1	青岛泽昊建筑设备租赁有限公司	青岛海天大酒店项目
11	泵送设备	混凝土泵	12	青岛虹海盛和建筑机械租赁有限公司	青岛海天大酒店项目
12	泵送设备	混凝土泵	12	青岛胶龙水陆建设工程有限公司	青岛海天大酒店项目
13	泵送设备	混凝土泵	3	青岛中诚信机械有限公司	青岛海天大酒店项目
14	泵送设备	超高压混凝土输送泵	3	重庆市潼南区富源工程机械设备租赁有限公司	青岛海天大酒店项目
15	车载泵	HBT9028CH-5D	3	重庆建工新材有限公司	重庆来福士项目
16	车载泵	SY5125THB-12020C-6GD	9	重庆建工新材有限公司	重庆来福士项目
17	施工电梯	SC200/200G	13	重庆龙瑞租赁有限公司	重庆来福士项目

3.3.3　专业分包资源

选择劳务队伍时，优先考虑具有超高层项目施工经验、配合好、能打硬仗的劳务队，同时也要考虑"就近原则"，在劳动力资源上能共享，能随时调度周边项目资源。

专业分包资源选择上，采用"先汇报后招标"的原则。邀请全国实力较强的专业分包单位，要求他们整合资源，在招标前进行施工及深化设计方案多轮次汇报。加强项目人员对专业性较强专业的学习和理解，并对各家单位相关情况进行直观了解，为后期编制招标文件及选择优秀的专业分包单位打下基础。建立优质专业分包库，超高层项目专业分包单位信息见表3.3.3-1。

超高层项目专业专包单位信息表　　　　　　　表3.3.3-1

序号	专业工程名称		专业工程分包商名称	使用项目名称
1	桩基	机械桩工程	重庆两滨建筑工程有限公司	重庆来福士广场项目施工总承包工程（B标段）
		人工挖孔灌注桩工程	重庆市大鼎建筑劳务有限公司	重庆来福士广场项目施工总承包工程（B标段）
2			重庆蓉达建筑劳务有限公司	重庆来福士广场项目施工总承包工程（B标段）
3		天津周大福金融中心项目连通口桩基专业工程	天津市中天领航建筑工程有限公司	天津周大福金融中心项目
4	钢结构	主体	中国建筑第八工程局有限公司钢结构工程公司	天津周大福金融中心项目
5				海天大酒店改造项目（海天中心）一期工程
6				重庆来福士广场项目施工总承包工程（B标段）
7				山东黄金国际广场
8				5A商务办公楼等3项
9				天津周大福金融中心项目
10			安徽鸿路钢结构（集团）股份有限公司	华强金廊城市广场（一期）
11			中国二十二冶集团有限公司	华强金廊城市广场（一期）
12			安徽长线建设集团有限公司	绿地山东国际金融中心（IFC）项目
13			山东聚鑫集团钢结构有限公司	青岛国际啤酒城改造项目T_1、T_2楼工程
14			杭萧钢构（山东）有限公司	青岛国际啤酒城改造项目T_1、T_2楼工程
15		零星钢结构工程	河南振兴建设工程集团有限公司	天津周大福金融中心项目
16	模板系统	顶模、爬模	江苏揽月模板工程有限公司	绿地山东国际金融中心（IFC）项目
17	屋面工程	金属屋面	浙江越宫钢结构有限公司	华强金廊城市广场（一期）
18		屋面改造	上海园林（集团）有限公司	海天大酒店改造项目（海天中心）一期工程

续表

序号	专业工程名称		专业工程分包商名称	使用项目名称
19	泛光照明	照明	上海东泓照明工程有限公司	青岛国际啤酒城改造项目 T_1、T_2 楼工程
20			北京富润成照明系统工程有限公司	海天大酒店改造项目（海天中心） 一期工程
21			利亚德照明股份有限公司	5A 商务办公楼等 3 项
22			山东万德福装饰工程有限公司	山东黄金国际广场
23		智能建筑	新钶电子（上海）有限公司	重庆来福士广场项目施工总承包工程 （B 标段）
24			重庆金点园林有限公司	重庆来福士广场项目施工总承包工程 （B 标段）
25	机电安装	暖通空调	山东金智成建设有限公司	青岛国际啤酒城改造项目 T_1、T_2 楼工程
26		成品支架	深圳市固耐达科技有限公司	青岛国际啤酒城改造项目 T_1、T_2 楼工程
27		机电安装	中建安装集团有限公司	海天大酒店改造项目（海天中心） 一期工程
28			中建五局安装工程有限公司	重庆来福士广场项目施工总承包工程 （B 标段）
29			中国建筑第二工程局有限公司	重庆来福士广场项目施工总承包工程 （B 标段）
30			丰盛机电工程有限公司	天津周大福金融中心项目
31			中铁建工集团有限公司	天津周大福金融中心项目
32			天津盛达安全科技有限责任公司	天津周大福金融中心项目
33			中建四局安装工程有限公司	天津周大福金融中心项目
34			中建三局智能技术有限公司	天津周大福金融中心项目
35		给水排水	中国建筑一局（集团）有限公司	海天大酒店改造项目（海天中心） 一期工程
36		消防工程	中建安装集团有限公司	海天大酒店改造项目（海天中心） 一期工程
37			中建三局集团有限公司	重庆来福士广场项目施工总承包工程 （B 标段）
38			广东省工业设备安装有限公司	重庆来福士广场项目施工总承包工程 （B 标段）
39			北京市亚太安设备安装有限责任公司	5A 商务办公楼等 3 项
40		换热站	山东军辉建设集团有限公司	5A 商务办公楼等 3 项
41		多联机安装	南通华康建筑劳务有限公司	山东黄金国际广场
42		通风工程	北京北空空调制冷设备有限责任公司	5A 商务办公楼等 3 项
43			山东格瑞德集团有限公司	5A 商务办公楼等 3 项

序号	专业工程名称		专业工程分包商名称	使用项目名称
44	机电安装	虹吸雨水安装	南通华康建筑劳务有限公司	山东黄金国际广场
45		压缩空气系统	南通华康建筑劳务有限公司	山东黄金国际广场
46		电力工程	北京京辰博大电气工程安装有限公司	5A 商务办公楼等 3 项
47		高低压配电	南通华康建筑劳务有限公司	山东黄金国际广场
48	幕墙	幕墙改造	上海旭博建筑装饰工程有限公司	重庆来福士广场项目施工总承包工程（B 标段）
49		幕墙	北京江河幕墙股份有限公司	海天大酒店改造项目（海天中心）一期工程
50				天津周大福金融中心项目
51			中建深圳装饰有限公司	海天大酒店改造项目（海天中心）一期工程
52			上海力进铝质工程有限公司	天津周大福金融中心项目
53			上海欣世纪幕墙工程有限公司	绿地山东国际金融中心（IFC）项目
54			中山盛兴股份有限公司	5A 商务办公楼等 3 项
55			浙江中南建设集团有限公司	山东黄金国际广场
56			中建八局第二建设有限公司装饰分公司	山东黄金国际广场
57	智能建筑	智能建筑	中建安装集团有限公司	海天大酒店改造项目（海天中心）一期工程
58			上海业士建设工程有限公司	重庆来福士广场项目施工总承包工程（B 标段）
59			北京北黄自动化设备安装有限公司	天津周大福金融中心项目
60			广州市天艺音响工程顾问有限责任公司	天津周大福金融中心项目
61			中国建筑科学研究院	天津周大福金融中心项目
62			译筑信息科技（上海）有限公司	天津周大福金融中心项目
63		弱电工程	上海延华智能科技（集团）股份有限公司	5A 商务办公楼等 3 项
64	装饰	精装修	深圳海外装饰工程有限公司	天津周大福金融中心项目
65			神州长城国际工程有限公司	天津周大福金融中心项目
66			中建八局装饰工程有限公司	天津周大福金融中心项目
67			新协中建筑（中国）有限公司	天津周大福金融中心项目
68			中建八局第二建设有限公司装饰公司	海天大酒店改造项目（海天中心）一期工程
69			苏州金螳螂建筑装饰股份有限公司	海天大酒店改造项目（海天中心）一期工程
70			德才装饰股份有限公司	海天大酒店改造项目（海天中心）一期工程

续表

序号	专业工程名称		专业工程分包商名称	使用项目名称
71	装饰	精装修	东亚装饰股份有限公司	海天大酒店改造项目（海天中心）一期工程
72			中建深圳装饰有限公司	海天大酒店改造项目（海天中心）一期工程
73			上海蓝天房屋装饰工程有限公司	重庆来福士广场项目施工总承包工程（B标段）
74			苏州金螳螂建筑装饰股份有限公司	重庆来福士广场项目施工总承包工程（B标段）
75			深圳市科源建设集团股份有限公司	5A商务办公楼等3项
76			上海秋元华林建设集团有限公司	重庆来福士广场项目施工总承包工程（B标段）
77			江苏港宁装璜有限公司	绿地山东国际金融中心（IFC）项目
78			山东省装饰集团有限公司	山东黄金国际广场
79		环氧地坪	重庆璞润装饰工程有限公司	重庆来福士广场项目施工总承包工程（B标段）
80		环氧树脂地面	济南远建建筑工程有限公司	山东黄金国际广场
81		水泥基自流平砂浆地面	重庆璞润装饰工程有限公司	重庆来福士广场项目施工总承包工程（B标段）
82		石膏基水泥自流平	山东丞华建材科技有限公司	山东黄金国际广场
83		楼梯间涂料	重庆璞润装饰工程有限公司	重庆来福士广场项目施工总承包工程（B标段）
84		活动地板	江苏汇联活动地板股份有限公司	5A商务办公楼等3项
85	防水工程	防水	上海东方雨虹防水工程有限公司	绿地山东国际金融中心（IFC）项目
86	消防工程	消防	中建安装集团有限公司	海天大酒店改造项目（海天中心）一期工程
87			中建三局集团有限公司	重庆来福士广场项目施工总承包工程（B标段）
88			广东省工业设备安装有限公司	重庆来福士广场项目施工总承包工程（B标段）
89			北京市亚太安设备安装有限责任公司	5A商务办公楼等3项
90			山东华森建筑消防项目管理有限公司	山东黄金国际广场
91			天津军盛鑫建筑装饰工程有限公司	天津周大福金融中心项目
92			北京城建天宁消防有限责任公司	天津周大福金融中心项目
93		防火涂料	中国建筑技术集团有限公司	绿地山东国际金融中心（IFC）项目
94		防火门	京通创展（北京）防火门窗有限公司	5A商务办公楼等3项
95		气体灭火	浙江华汇安装股份有限公司	绿地山东国际金融中心（IFC）项目

续表

序号	专业工程名称		专业工程分包商名称	使用项目名称
96	电梯	电梯	日立电梯（中国）有限公司	海天大酒店改造项目（海天中心）一期工程
97			奥的斯电梯（中国）有限公司	海天大酒店改造项目（海天中心）一期工程
98				山东黄金国际广场
99				天津周大福金融中心项目
100			上海三菱电梯有限公司山东分公司	绿地山东国际金融中心（IFC）项目
101	室外工程	园林景观	上海园林（集团）有限公司	海天大酒店改造项目（海天中心）一期工程
102			重庆金点园林有限公司	重庆来福士广场项目施工总承包工程（B标段）
103			济南西城森泰置业有限公司	山东黄金国际广场
104			北京人义合工程有限公司	5A 商务办公楼等 3 项
105		连通口及室外管网工程	天津开发区宏亮实业发展有限公司	天津周大福金融中心项目
106			重庆市江津区中建建筑劳务工程有限公司	天津周大福金融中心项目

3.4　信息化技术

3.4.1　基于 BIM 技术的超高层施工总承包协同管理平台研发与应用

研发的基于 BIM 技术的总承包管理平台，将 BIM 平台与项目管理进行融合，实现模型轻量化浏览、物料跟踪管理、4D 工期管理、资料管理和现场质量、安全问题话题协同等多项功能的集成应用，并为项目后期与运维系统的对接奠定了数据基础。

3.4.1.1　权限管理技术

1. 技术原理

基于 BIM 的总承包三维在线交互平台，为所有现场管理人员建立账号，按单位、专业、部门搭建三级组织管理架构，按照不同架构设定相应管理权限，可保证人员大规模流动下信息的连续性。

2. 技术要点

1）平台账号的建立

每个工程设一名超级管理员，账号的建立由超级管理员来完成。用户名可设置为单位首拼音（大写）+序号（001）的形式，昵称由各单位用户自己修改为单位+职位+姓名的形式，密码由超级管理员根据不同单位进行统一设置，并分别发放至各单位负责人手中进行依需分配，以便于统一管理。

2）组织管理架构搭建

搭建三级组织管理架构，以项目的参建团队为第一级，如业主团队、监理团队、设计顾问团队、总包团队、分包团队等；按照专业在第一级架构基础上衍生出第二级架构，如土建专业、精装修专业、机电专业、钢结构专业等；按照部门职能在前两级架构基础上划分出第三级架构，如工程管理部、质检部、安全部、技术部、物资部、商务部等。

3）权限模板设置

根据单位性质及实际使用需求设置权限模板，另增设管理员模板。根据三级组织管理架构为各单位和部门匹配对应权限模板，设置权限模板时，可对三维交互平台中的模型、表单、材料、问题、任务计划、二维码、资料等模块的操作级别进行控制。在管理员模板中，被赋予管理员权限的用户，可对各模块数据进行查看、编辑、删除等，需要注意的是只有管理员用户可删除平台中的数据，同时只有管理员用户拥有修改各权限模板的权限。其他权限模板则根据工程的管理要求和相关用户的实际需求，对各模块的数据是否可查看、是否可编辑以及可查看数据的范围等进行设置。参见图 3.4.1-1。

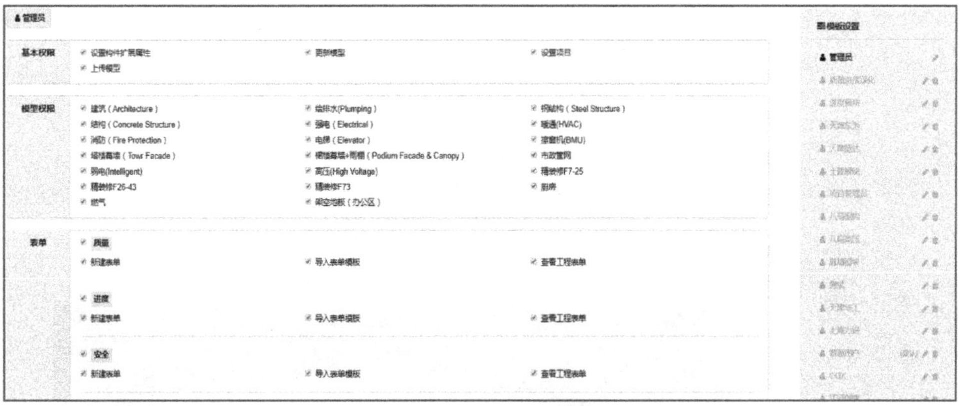

图 3.4.1-1 权限管理

3.4.1.2 模型管理技术

1. 技术原理

运用模型轻量化技术，通过研发 BIM 主流软件插件，模型可压缩上传至基于 BIM 的总承包三维在线交互平台中，在平台中设置不同标签的模型文件夹，便于模型的查看与应用。

2. 技术要点

1）设置模型标签

在平台中，根据专业的不同来设置模型标签，如建筑、结构、钢结构、幕墙、暖通、消防、强电、弱电、给水排水等。各专业单位将模型分层上传至平台相应模型标签下，便于模型的统一管理与使用。

2）模型的上传与应用

平台支持 rvt、nwc、ifc 等格式的模型上传，考虑到原始模型的体量过大，通过运用模型轻量化技术，开发 BIM 主流软件（如 Revit、Navisworks 等）插件。在 BIM 软件中打开要上传的模型，使用平台账号登录插件，将模型按照设置好的模型标签上传至平台（图 3.4.1-2）。对于上传至平台中的模型，平台使用人员可进行平移、旋转、缩放、剖切、测量、漫游等可视化操作，还可根据需要对各层各专业模型进行自由组合（图 3.4.1-3）。同时，平台使用人员可对模型中的各构件进行信息的查看、资料的关联、问题的创建、状态的跟踪、计划任务的分配等操作。

图 3.4.1-2　模型上传

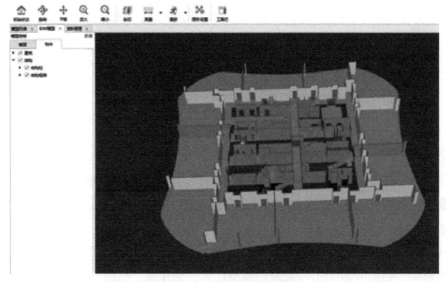

图 3.4.1-3　模型可视化操作

3.4.1.3　计划任务管理技术

1. 技术原理

项目管理者将现场施工项目计划导入基于 BIM 的总承包三维在线交互平台，将计划与模型进行关联，并将材料跟踪流程步骤与计划绑定，将任务分配给不同的责任人；责任人收到任务后，将任务发布到现场施工相关解决人员移动端，现场人员通过移动端实时反馈任务完成情况与现场详细信息（包括现场照片、完成百分比和现场问题备注），责任人根据现场反馈信息进行任务划分，后续形成计划进度动画模拟（计划与实际对比进度动画模拟、实际进度模拟和实际与计划对比进度模拟）；项目管理者可根据现场收集的数据进行统计查看，实际追踪现场进度情况。

2. 技术要点

1）计划的编制与导入

在 Microsoft Project、Primavera P6 等传统进度计划软件中对实体工程主要施工内容进行计划的编排。无论是粗线条的总进度计划，还是专业进度计划，亦或是季度、月、周、日计划，均可将工程施工全部工序一一进行编排后上传至三维在线交互平台，在平台中，只有管理员可查看、修改计划，便于计划的纠偏与更正。

2）任务分配与实际进度的反馈

在平台中，给每项计划任务附加模型构件集合，根据不同专业设置材料跟踪状态，确定施工内容开始与结束时间，跟踪状态的变化实现实际进度的反馈。将 4D 工期所生成的实体计划任务 + 各级计划派生出的工作任务全部导入任务管理模块中，并将各项任务分配至相应管理、生产人员，形成相关人员的责任。通过物料跟踪反馈的实际进度结合实际任务完成情况在任务模块中予以统计、对比，对管理人员的量化考核有指导意义。

3）物料跟踪管理技术

基于 BIM 技术、二维码技术的施工信息化管理平台，以二维码技术为手段，串接工程施工的整个过程，将实际施工进度信息（构件预制到安装工程完工）反映在 BIM 3D 模型上，利用 BIM 3D 模型直观性、可视化的特点，有序高效地追踪、查询施工进度及关键节点处的详细信息。同时，BIM 模型与现场扫描数据关联，在 BIM 模型上能以不同颜色区分物料不同的状态。进入状态实时显示界面后，所有材料状态可按周、月进行自动统计。

4）4D 进度模拟

进度模拟共包括计划进度模拟、计划与实际的对比模拟、实际进度模拟、实际与计划的对比模拟四种不同的形式，用户可根据需求设定模拟的时间段和动画时间，同时设置不同的对比为不同的颜色，然后进行动画展示，参见图 3.4.1-4。

3.4.1.4　物流追踪技术

参照网络采购物流查询系统在平台上开发出物流管理模块，通过计划进度派生出材料

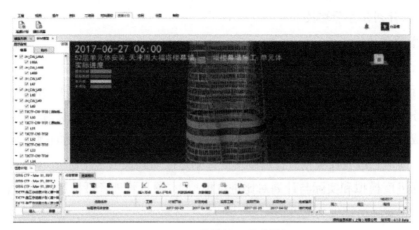

图 3.4.1-4　幕墙施工进度模拟

需求计划，生成发货单，根据发货单——扫描构件二维码按需求装货，运输途中实时定位，到场后根据需求计划单扫描构件进行验收。实现材料运输准时、准确，避免材料不能按时到场而影响进度或材料提前到场造成现场堆放拥挤，实现现场物料"零存储"（图 3.4.1-5）。

材料计划 ——→ 工厂形成发货计划单 ——→ 形成运输单 ——→ 材料进场申请

——→ 司机扫描运输单、货物二维码 ——→ 确认发货 ——→ GPS定位追踪

——→ 到场状态更新 ——→ 平台推送验收通知 ——→ 管理人员扫码验收

图 3.4.1-5　物流追踪流程

3.4.1.5 协同技术

1. 技术原理

基于 BIM 的总承包三维在线交互平台，搭建私有云平台，可在模型、视口、资料录入、话题等方面进行实时的在线协同。在保证高效率协同的同时，保证工程资料的便捷分享与私密性。

2. 技术要点

1）模型协同

移动应用能将 BIM 带到现场，简单、便捷地辅助项目现场管理；人人可用 BIM，无需高配置计算机，可流畅浏览 BIM 模型。支持离线使用的"云平台"，满足工程项目现场实际应用条件，随时查询 BIM 信息，减少施工错误，提高施工质量与效率，参见图 3.4.1-6。

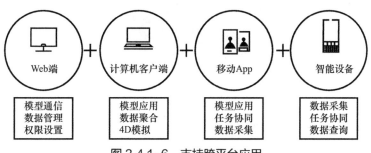

图 3.4.1-6 支持跨平台应用

2）视口协同

施工现场发现的问题，可在模型上批注，拍照；批注支持协同。通过平台发送给项目其他管理人员，使问题可以更快、更直观地传达、解决，参见图 3.4.1-7。

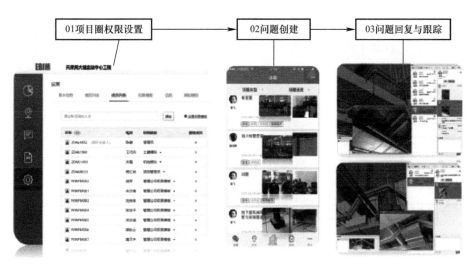

图 3.4.1-7 视口协同

3）数据协同录入

各端口可往 BIM 模型中添加施工过程信息、图片、资料等，管理员设置信息添加类型，各参与方按要求扩充 BIM 施工信息，各端口可查看到最新构件信息，参见图 3.4.1-8。

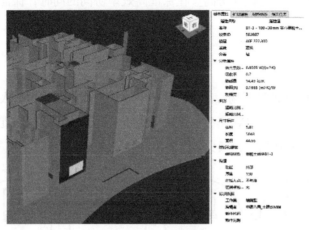

图 3.4.1-8　数据协同

4）问题协同

当平台使用人员发现工程问题时，可根据流程通过平台中的问题协同模块发布问题。首先创建标题，选定讨论组，然后设置问题的类型（如进度、质量、安全、模型、物资等）、专业（如土建、机电、钢结构、精装修等）、优先级（如紧急、中等、暂缓等），接着根据实际情况选择是否限定完成期限，同时还可以通过关联模型来实现问题的精准定位。完成基本设置后，对问题进行详细的描述，可以上传问题图片、关联相关资料等，最后指定相关责任人，进行问题发布。当相关责任人收到通知时，可针对实际情况进行回复，同样支持照片、文档的上传。发布人收到反馈后进行检查，若问题解决，则闭合该流程。另外，平台可自动生成问题整改单，可作为各分包单位的考核依据，参见图 3.4.1-9。

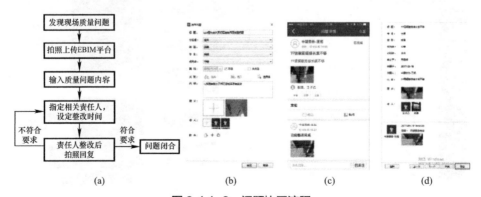

图 3.4.1-9　问题协同流程

（a）问题协同流程；（b）问题发布；（c）问题回复；（d）问题闭合

3.4.1.6 资料集成技术

1. 技术原理

通过二维码技术可将资料与模型进行关联，通过 4D 的 BIM 信息模型，提高资料信息的真实性，同时在项目各参与方调阅资料时，只需在模型中选中相关构件，选定需求信息选项，就能查询该构件（包括规格、变更、图纸、使用）的材料信息（如材料来源、厂家、进场情况等）等需求信息，有利于提高资料数据的利用效率。根据审批流程，分模板发起审批，线上完成审批。同时，分专业、分单位进行资料归档保存，解决施工过程中过程管理资料离散式存储所导致的资料缺失等问题。

2. 技术要点

1）表单管理

设置表单文件夹类型，支持三级文件夹类型。PC 端上传表单模板，项目人员可在各端口直接调用表单模板，按实际情况填写表单，发起审批流程，审批人接收信息后，线上完成审核与审批。所有表单储存于设置好的文件夹中，管理人员可随时调取查看。

2）资料管理

基于 BIM 的总承包三维在线交互平台分三级设置资料储存文件夹，各类资料可直接上传到平台上对应的文件夹中。各端口皆支持在线预览资料，便于现场工程资料查看。资料与 BIM 模型构件双向关联，支持资料以二维码形式进行分享；移动设备扫描二维码，在权限范围内可获取相关资料信息。在查找资料时，可限定上传人、上传时间等进行小范围查找，同时平台还支持关键字检索，便于资料的应用。

3.4.2 基于 BIM 技术的全专业协同深化设计技术

创新组建深化设计，将业主、顾问、各专业分包设计团队纳入日常设计协调管理工作中，由总包统筹，各专业分包协同作业，利用项目私有云服务器创建协同工作平台，利用 BIM 技术进行各专业"虚拟施工"，有效解决了各专业间错、漏、碰、缺等问题，实现 100 多人协同工作。

3.4.2.1 协同工作平台建立

结合本项目的轴网、标高，根据设计说明和技术规格说明书确定 BIM 模板文件。模板文件对管道材质、管道连接方式、管道类别进行定义，使绘制的模型满足设计要求，利于后期材料统计。通过对图层、颜色、线型、线宽的标准化，便于各系统管线的区分，符合出图要求。利用 Revit 的协同工作功能，将建筑、结构、钢结构、幕墙等相关专业模型链接进模板文件，利用局域网平台创建中心文件，在中心文件上根据专业类别进行工作集的分配。各专业分包在自己的工作集上进行单专业模型的调整，同步上传中心文件后形成综合 BIM 模型。

3.4.2.2　模型拆分

因模型体量大、精度高，且多专业协同作业会造成计算机运行速度慢，因此需将建筑、结构及机电专业按照楼层进行拆分，钢结构及幕墙专业根据特性分段拆分。

3.4.2.3　编制切实可行的综合模型协调计划，制订各阶段设计协同流程

深化设计应以总进度计划为依据，根据各阶段施工进度计划，合理安排各专业 BIM 计划及综合模型协调计划，确保 BIM 及图纸先行（表 3.4.2-1）。

天津周大福金融中心项目机电层（碰撞检测）模型计划　　　　　　表 3.4.2-1

部位	模型开始时间	模型提交时间	土建模型提交时间（建筑、结构、钢结构、幕墙）	单专业干线图及模型提交时间	建筑、结构模型提交时间	相关区段机电管线综合模型	
						部位	模型开始时间
L6	2015年1月12日	2015年2月10日	2015年1月10日	2015年1月5日	2015年1月15日	L1～L6	2015年2月6日
L19	2015年3月1日	2015年3月25日	2015年2月10日	2015年2月5日	2015年4月10日	L7～L20	2015年6月18日
L20	2015年3月10日	2015年4月10日	2015年3月5日	2015年3月5日	2015年4月15日	L7～L20	2015年6月18日

各阶段根据实施内容和要求不同，协调的流程也有所不同。各专业间根据设计协调内容和方式不同，需要编制专项协调流程，以二次结构深化设计为例，其单项协调流程如图 3.4.2-1 所示。

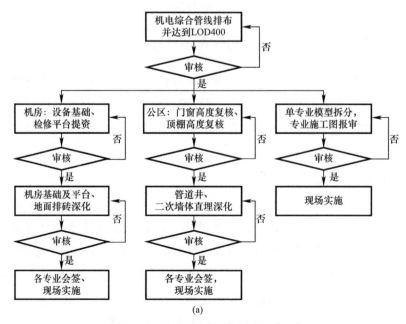

(a)

图 3.4.2-1　深化设计协调流程（一）

（a）机电安装阶段设计协调流程

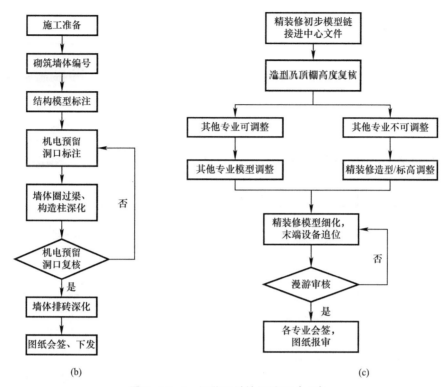

(b)　　　　　　　　　　　　　　(c)

图 3.4.2-1　深化设计协调流程（二）

（b）二次结构预留预埋设计协调流程；（c）精装修阶段设计协调流程

1. 各专业深化设计协同主要内容（表 3.4.2-2）

各专业深化设计协同内容　　　　　　　　　表 3.4.2-2

序号	专业		深化设计内容	图示
1	建筑	防火门、卷帘门、检修门	防火门、卷帘门、检修门高度复核调整，以及配合防火门进行门磁、门禁、门锁深化设计，卷帘门的控制及配电系统复核	
		墙体	因机电排布对建筑布局进行调整，墙身点位预留预埋，二次墙体套管直埋图纸深化	
2	结构	梁、板、墙洞口预留	过梁、过墙、穿楼板洞口预留预埋图纸深化	

序号	专业	深化设计内容		图示
2	结构	设备基础	屋面与机房内设备及管道基础深化	
		检修平台	屋面与机房内设备检修平台深化	
3	幕墙	铝板、百叶	铝板、百叶洞口预留预埋图纸深化	
4	装修	天花、地砖、墙身	进行天花高度复核及提资；配合前厅天花造型进行机电管线调整；配合天花、地砖、墙身综合点位的深化	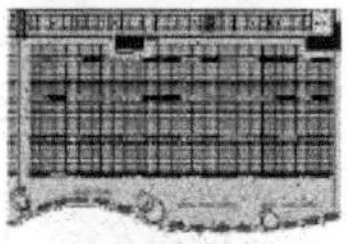
5	机械设备	机械车位	进行机械车位碰撞检测，配合进行供电、控制系统复核	
		电梯	配合电梯进行电梯机房综合排布	
		擦窗机	进行擦窗机碰撞检测，机房供水配电系统复核	
6	机电	管线综合排布	进行机电各专业管线综合排布	
		专业间提资	专业间用水、用电、燃气点位及负荷要求提资，智能化控制要求提资，消防报警联动控制要求提资	

2. 现场变更管理

正是因为有了一个覆盖全区域的真正意义上可以指导施工的 LOD400 模型，我们才能强调所有专业必须严格按照模型施工，若未按照 BIM 模型施工的，要求各单位无条件配合拆改。对于一次结构、钢结构、幕墙等专业，若已施工部位与模型不一致，而现场确实无法拆改的，由现场管理人员直接反馈给总包深化设计部门，由总包统筹各专业对模型进行修改，并报审局部修改大样图，审批通过后，后续施工单位特别是机电单位方可按新图纸施工。

3. 模型审查及变更台账

各专业提交单专业模型前，应进行自审自查，提交总包后，由总包单位随机抽查，抽查合格后方可进行综合模型协调。

针对模型中未完善的部分，建立销项台账，逐一对未完善内容进行修改补充；针对图纸变更，根据图纸版次、修改日期等信息建立对应的模型修改台账，每一次模型的修改都需要在台账中注明修改原因、修改时间和责任人。

模型经各方验收合格后，由总包单位对其进行封存并同步下发各单位用于各专业施工图绘制，各单位需严格从模型输出图纸，不得随意修改图纸。

4. 典型综合设计协同案例

1）基于 BIM 的管道井全专业协同深化设计

超高层管道井往往管线较为密集，管道距墙较近，若采用传统预留大洞待机电安装完成后再进行封堵的方案，会造成后期吊模困难且危险性较高等问题。因此，本项目颠覆了传统的施工工序，开创性地采用了管道井套管直埋技术。深化实施步骤如下：

管线综合模型优化确认→套管模型绘制与复核→管道井套管定位→结构加固深化→各方会签。

管道井管线综合排布完成后，需要根据管线间距和规范要求合理布置支架，并再次对管井排布合理性及美观性、检修通道布置、阀门操作空间等进行复核，确认无误后进行套管模型绘制。水管道套管应比管道外尺寸大 1～2 个规格，风管每边各大 50～100mm，管道出屋面需预埋防水套管，管道间应预留防水套管翼环的安装空间。机电做完套管预埋图纸后，土建专业需按照设计及规范要求对大于 800mm 的洞口进行加固，图纸深化完成后各方签字下发，并用于现场施工（图 3.4.2-2）。

2）基于 BIM 的砌筑墙体全专业协同深化设计

在机电管线综合排布优化确认完成后，可以将机电三维模型反过来链接进建筑模型中，直接在模型中进行墙体深化。深化实施步骤如下：

模型准备→墙体编号→建筑模型标注→机电预留套管定位→墙体一次深化→机电复核→墙体二次深化→深化图纸会签。

墙体编号：根据墙体深化设计计划，确定墙体深化顺序，对优先施工的楼层部位进行墙体单独编号，使工程每一面墙体均有唯一的编号。

建筑模型标注：墙体编码后，需要再次对建筑模型进行复核确认后移交机电专业，机电专业根据穿墙管线排布情况进行标注，精准定位套管位置、尺寸及标高。

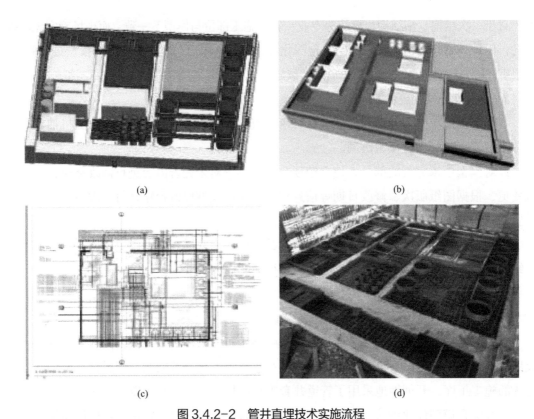

(a)　　　　　　　　　　　　　　　(b)

(c)　　　　　　　　　　　　　　　(d)

图 3.4.2-2　管井直埋技术实施流程

（a）管井内管道排布；（b）管井预留套管模型；（c）管井 CSD 图；（d）管井套管直埋实施图

墙体一次深化：根据墙体预留套管的位置及尺寸，结合墙体砌筑构造要求，在已有模型上进行墙体第一次深化，确定构造柱和圈梁、过梁位置。

套管复核：为防止墙体深化过程中对机电预留套管发生误删情况，需要机电专业再次对预留套管进行复核，起到过程把控作用，为墙体精确深化提供双重保障。

墙体二次深化：机电复核完成后，进行二次排砖深化，在模型中精确深化出砌块、灰缝等详细尺寸位置。完成剩余墙体深化工作。

通过在 BIM 三维模型环境下对墙体进行深化设计，可以在过程中精确标注墙体预留洞口位置，使墙体深化环境与现场施工环境完全吻合，实现墙体砌筑全部按图施工，减少因后期墙体拆改而造成的砌块、砂浆等材料浪费，节约建筑材料与工期，同时减少安装后期大量的封堵工作，确保砌筑工程整体质量一次成优。

3.4.3　基于逆向建模的质量预控技术

3.4.3.1　钢结构基于逆向建模的质量预控技术

1. 钢结构施工重难点

塔楼外框钢柱截面形式复杂多变，在圆形、箱形、组合型截面之间多次相互转换，且构件尺寸大。其他部位钢结构体量大，构件数量多，类型繁多，主要包括圆形、箱形、T形、H形、十字形及其相应的组合形式截面，众多节点形状相似但均不相同。因此，塔楼外框钢柱的设计、加工及安装是钢结构施工的最大难点（图 3.4.3-1）。

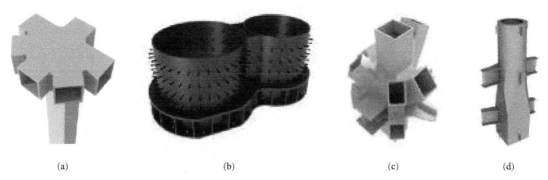

(a)　　　　　　　　(b)　　　　　　　　(c)　　　　　　　　(d)

图 3.4.3-1　钢结构典型节点形状

（a）塔楼帽桁架上弦；（b）塔楼 B4 柱脚节点；（c）塔楼帽桁架下弦；（d）箱形柱转圆柱过渡节点

2. 技术措施

结合钢结构结构复杂、空间位置多变和截面形式复杂的特点，创新使用 Tekla、Soildworks、AutoCAD 多种软件配合完成深化工作，深化时结合具体的制作工艺，优化零件位置与焊缝位置关系，实现空间曲面放样精准定位，确保加工过程中每一个零件、每一条焊缝均能正常施焊，保证整体质量及加工精度（图 3.4.3-2）。

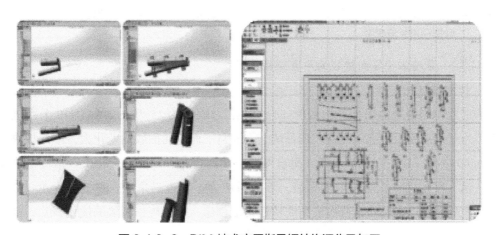

图 3.4.3-2　BIM 技术应用指导钢结构深化及加工

将以 Tekla 建好的 BIM 模型导入 Scene 软件中，再将拼接好的点云模型按顺序依次导入 Scene 中，每导入一个构件，按其特征点，对齐到相应的 BIM 构件当中。在此过程中必须严格控制拼接时的误差，依次拼接，直到所有构件的点云模型都导入分析软件 Scene 中。在利用 Scene 软件查看点云模型时，点云模型可自动以不同的颜色显示。因此，在所有点云构件导入并对齐后，将 BIM 模型隐藏，仅以不同色彩的点云模型显示。可直接根据不同色彩的构件点云之间是否重叠、重叠大小、是否在允许偏差以内来判定现场施工能否顺利进行。扫描并对比后对于偏差较小位置，通过火焰或机械矫正的方式进行调整，对于偏差较大位置，将构件焊缝刨开后重新焊接，以满足精度要求（图 3.4.3-3、图 3.4.3-4）。

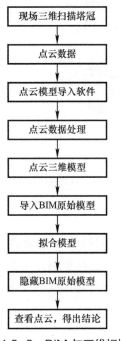

现场三维扫描塔冠

点云数据

点云模型导入软件

点云数据处理

点云三维模型

导入BIM原始模型

拟合模型

隐藏BIM原始模型

查看点云，得出结论

图 3.4.3-3　BIM 与三维扫描仪
模拟预拼装流程图

图 3.4.3-4　点云构件拟合

3.4.3.2　幕墙基于逆向建模的质量预控技术

1. 技术难点

本工程建筑幕墙由塔楼和裙楼两部分组成，总面积约 15 万 m²，包含 19 个系统。塔楼幕墙为复杂双曲面骑缝单元式玻璃幕墙，立面自下而上曲面收缩变化大，单元板块规格多达 6600 余种，板块间水平夹角、垂直倾角、竖向错台、翘曲度变化大。裙楼幕墙为多曲面"米"字形网格状彩釉玻璃幕墙，玻璃板块为不等边三角形，规格多达 4000 余种。基于上述显著特点，可知，幕墙模型的快速精准创建、不同规格板块的优化归并、复杂曲面的自然平滑过渡，是幕墙设计及安装的重难点。

2. 技术措施

经过大量的模型数据分析，提取板块尺寸、板块角度等，并从当前材料加工精度、现场安装精度等方面考虑，采用取值 −4mm 的方法对板块玻璃规格进行优化，将大部分不规则四边形优化归并成矩形，提高工业化水平，降低现场安装难度。优化后玻璃种类为 3308 种，其中层间 1685 种，透明 1623 种，整体优化率达 62.8%（表 3.4.3-1）。

玻璃规格优化举例　　　　　　　　表 3.4.3-1

项目	横向尺寸 1（mm）	竖向尺寸 1（mm）	横向尺寸 2（mm）	竖向尺寸 2（mm）
优化前	1295.318325	4176.013871	1293.474006	4176.044396
优化后	1293.4	4176.0	1293.4	4176.0

通过对楼板边线利用三维激光扫描仪进行扫描，将生成的点云模型与 LOD300 土建、钢结构模型匹配，把现场的实际数据添加到理想状态下的 BIM 模型之中，修改土建、钢结构模型使之与实际相吻合，如图 3.4.3-5 所示。在此基础上进行幕墙模型的修改和完善，并与各专业模型进行综合碰撞检查后，再进行各个单元体板块深化，最终完善成加工模型。通过将 BIM 模型提取的数据导入数控机床，实现自动化生产，如图 3.4.3-6 所示。

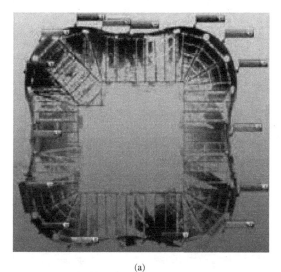
(a)

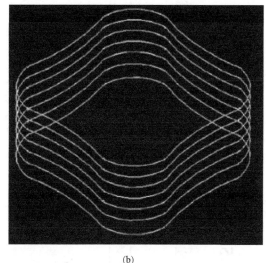
(b)

图 3.4.3-5　结构楼板三维扫描
（a）扫描的原始点云数据；（b）处理之后的塔楼边缘点云轮廓线

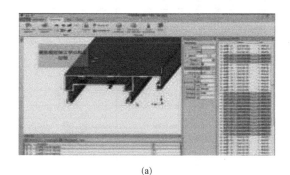
(a)

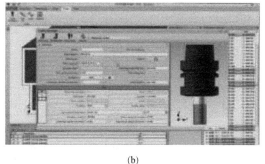
(b)

图 3.4.3-6　幕墙单元体板块数字化加工
（a）模拟数控加工检查；（b）修正加工参数

3.5 超高层关键技术及设备

针对超高层工程特点及行业发展趋势，为实现高效建造，可在以下方面进行新技术研发，具体见表3.5-1。

新技术研发清单

表 3.5-1

序号	技术名称	适用条件	技术特点	高效建造优缺点	工期/成本	工程案例
1	集成支吊架和装配式机房	超高层	1) 组合式构件，装配式施工，环保。 2) 良好的通用性和兼容性。 3) 安装速度快，施工工期短。 4) 受力可靠，稳定	优点： 在安装管道综合排布设计基础上，在功能复杂、管道密集、狭小空间排布时采用装配式集成支吊架，避免各管线碰撞，提高支吊架利用率，并配合装配式机房，装配式设备实现净层高利用率和空间利用率的增加	缩短工期，减少成本	青岛国际啤酒城改造项目 T_1、T_2 楼工程
2	施工现场智能养护室	所有在建项目	智能标准养护室集设备采购安装、状态远程监测、数据后台整理、表格一键导出功能于一体，从实体到原理，从录入到导出，完成一整套养护室的标准流程管理，最大化提高项目人员工作效率	优点： 1) 实现了混凝土试块的全生命周期管理，自动提醒、报表一键生成，大大提高工作效率。 2) 保证了养护室环境在正常范围内，使混凝土试件养护条件更加标准。 3) 养护周期全过程实时监测，自动控制调节，达到节水、节电目的，降低能耗	节水节电，减少成本支出	青岛国际啤酒城改造项目 T_1、T_2 楼工程
3	90°变截面筏板施工关键技术	变截面超深筏板	创新改变了传统筏板变截面采用135°做法，优化为90°变截面设计方案，筏板钢筋采用型钢支撑，本技术创新研发了工具式双螺栓连接方式、型钢马镫	优点： 节约了工程造价，缩短了工期	—	重庆来福士项目

续表

序号	技术名称	适用条件	技术特点	高效建造优缺点	工期/成本	工程案例
4	超高层始发爬模平台及曲线立面防护平台技术	曲线造型超高层建筑	通过创新的工具式三角桁架支座，并使用千斤顶利捣链对支座"一收"，实现爬架导轨的曲线调整。通过对围护单元模块的设计和优化，实现平台的曲线爬升	优点：有效、安全地保障了施工升降平台在避难层的附着和爬升	—	重庆来福士项目
5	多层悬挂结构同步施工技术	悬挂结构	悬挂结构层层同设置钢圈梁及钢斜撑与悬挂结构梁柱，主体结构框架柱形成脚手架自稳定体系	优点：具有安全性高、拆除方便、可回收利用等特点	—	重庆来福士项目
6	超高层建筑外立面无饰面混凝土结构施工技术	超高层无饰面混凝土结构	免抹灰混凝土明缝采用PVC+滑台水槽，PVC+滑石粉柱明缝凹槽材料施工技术	优点：保证了施工成型质量，降低了施工成本，实现了绿色环保的目的	—	重庆来福士项目
7	创新组合伸臂替阻尼器施工技术	超高层避难层	1）核心筒钢圈梁及环筋封闭箍筋连接驳预埋。2）钢结构伸臂桁架及剪切耗能件安装。3）钢筋混凝土环梁及加强翼缘型组合劲性结构施工	优点：克服了传统纯钢结构伸臂桁架用钢量大的缺点，有效节约成本	—	重庆来福士项目
8	大型城市综合体周边市政复杂连接变形式的研究与应用	城市综合体	临江、阶梯型、坡型地貌区不大于3.1m以下大直径，44.47m超深桩径抗滑桩采用冲击钻成孔	优点：保障了深基础施工的安全性	—	重庆来福士项目
9	超重、大跨度、200m级高空整体提升超长钢结构施工关键技术	大跨度高空超长钢结构	采用"超大型构件液压同步提升技术"进行整体提升。采用在裙楼屋面之上安装地面拼装钢平台，解决狭小场地施工作业面不足的问题，同时增加施工安全、便利性	优点：解决了狭小场地施工作业面不足的问题，同时增加施工安全性、便利性	—	重庆来福士项目

续表

序号	技术名称	适用条件	技术特点	高效建造优缺点	工期/成本	工程案例
10	超厚大体积混凝土施工技术	主塔楼底板基坑平面尺寸大，筏板混凝土平均厚度厚	1）优化配合比设计，减少水泥用量，降低水化热。 2）为保持整体稳定性，采用型钢支架设计，运用BIM技术对型钢马镫进行排板优化。 3）创新采用"溜槽＋汽车泵＋混凝土传输带"的方式一次连续浇筑，利用BIM技术进行现场模拟，确保混凝土万无一失。 4）采用了计算机自动测温技术，实时显示出温度历史曲线可以看出温度发展趋势，实时指导混凝土的保温、养护工作，双半轴布置测温点。	优点：1）一次性浇筑，节约时间。2）代替传统的汽车天泵，节约成本。缺点：对场地交通布置要求较高	节约工期3.5d，节约费用8万余元	绿地山东国际金融中心（IFC）项目
11	高适应性整体顶升平台及模架体系施工技术	超高层核心筒结构尺寸变化多，工期要求紧，成型质量要求高	1）顶撑合一的低位支撑：将模架与结构的传力点设置在新浇筑墙面下部两层范围内，有效地避免了混凝土早期强度对系统顶升的影响，加快施工进度。 2）平面少支点：将整个工作平台顶升支点采用4个，支点设计在内墙避开墙体内钢柱（钢板墙）和暗柱，预留洞口简单，节省费用。 3）长行程大吨位：选用长行程、大吨位液压双作用油缸，一个行程即可顶升一个结构楼层，两个小时内即可全部完成顶升，简化顶升程序，提高顶升速度。	优点：施工速度快，安全性高，质量效果好，节能环保。缺点：前期安装周期较长，400m以上使用成本较低，400m以下使用成本较高	节约工期6个月，节约费用350万元	绿地山东国际金融中心（IFC）项目

续表

序号	技术名称	适用条件	技术特点	高效建造优缺点	工期/成本	工程案例
11	高适应性整体顶升平台及模架体系施工技术	超高层核心筒结构尺寸及变化多、工期要求紧、成型质量要求高	4）平面单支点双油缸：在同一支撑箱梁上设置两个顶升油缸，可有效地降低支撑箱梁和平台主桁架截面尺寸，减轻用钢量，减轻自重，又可防止油缸活塞自转。5）空间三维可调模架：通过特定装置实现模架及挂架的空间三维可调，适应结构的变化	优点：施工速度快、安全性高、质量效果好、节能环保。缺点：前期安装周期较长，400m以上使用成本较低，400m以下使用成本较高	节约工期6个月，节约费用350万元	绿地山东国际金融中心（IFC）项目
12	土工合成材料应用技术	大底板建筑	基础底板采用膨润土防水毯防水施工，通过对防水毯的研究，合理划分防水毯单块面积，优化防水毯接缝，优化与地连墙、工程桩等结构件的防水节点，确保基础底板外防水的施工效果	优点：保证了施工进度，提高了施工质量	节省成本17万元	天津周大福金融中心
13	高强高性能混凝土	高强度等级混凝土建筑	本工程竖向结构混凝土强度高达C60、C80，基础底板混凝土强度等级达C50P10，均属高强混凝土，通过对高强混凝土的配合比进行优化，降低混凝土水泥用量	优点：降低混凝土水泥用量，节约了成本	节省成本120万元	天津周大福金融中心
14	内筒外框超高层大缩变高效垂直运输技术	异形外框大高层建筑	研发出塔式起重机原位内爬直接转外挂技术，发明自倒运提升装置，显著提高了塔式起重机的爬升效率；研发出530m高空塔式起重机大悬挑移交拆除技术，实现立面大收进12.7m安全高效拆除；创新采用"低区集成物流通道+高区悬挂施工电梯"接力运输技术，解决立面大收缩施工电梯布置难题	优点：显著提升塔式起重机爬升效率，实现关键线路连续作业，缩短爬升时间至2d/次	缩短工期18d，节省成本350万元	天津周大福金融中心

序号	技术名称	适用条件	技术特点	高效建造优缺点	工期/成本	工程案例
15	复杂多变超高层钢结构施工技术	复杂异形钢结构建筑	研发出基于节点试验和虚拟建造的弯扭汇交组合钢构件精益控制成型,解决复杂异形构件加工效率和精度难题;创新应用自动跟踪测量技术,实现弯扭异形构件精准定位安装	优点: 基于节点试验和虚拟建造的弯扭汇交组合钢构件安全可靠,加工精准,工效提高25%;异形构件安装自动跟踪测量技术,定位精准,安装效率高	桁架层缩短工期8d	天津周大福金融中心
16	高适应性智控整体顶升平台设计与施工技术	超高层建筑	研发出装配式桁架、立柱、挂架体系,快速适应核心筒缩变,解决了平台空快速拆改难题;研制出大偏心支撑箱梁平衡装置,解决了立柱偏置带来的安全隐患;首次提出基于姿态与应力控制的同步顶升控制方法,发明平台空微动滑移纠偏装置,解决了平台空纠偏纠扭技术难题	优点: 装配式桁架、立柱、挂架体系的使用显著提高了平台的高空拆改效率,构件周转率达80%,降低成本20%;大偏心支撑箱梁平衡装置安全、可靠,减小桁架悬挑,降低造价;基于姿态与应力控制的同步顶升控制方法实现平台快速、安全顶升,核心筒最快2d/层	缩短工期30d,节省成本210万元	天津周大福金融中心
17	基于高精度BIM数字建造技术	超高层建筑	首次提出"三全"BIM虚拟建造模式,首次建立以"信息""两线融合"BIM运用为纽带的高精度BIM的总承包协同管理平台,打通了深化设计、工厂制作、物流运输、现场仓储、实体安装、竣工交付全链条管理流程	优点: 真正实现设计零变更、加工高精度、现场零存储、施工零拆改	节约成本2457万元,缩短工期74d	天津周大福金融中心
18	模块式钢结构框架组装、吊装技术	复杂钢结构建筑	采用三维激光扫描仪采集构件点云数据,生成构件实测模型,首先进行构件加工质量的复核检查,进而进行基于BIM的钢结构虚拟预拼装。不需要临时的搭设拼装胎架,只需2~3人作业和少量的吊起翻转配合	优点: 虚拟预拼装较传统实体拼装大大减少了材料、能源和人力的消耗	节约成本15万元,缩短工期16d	天津周大福金融中心

续表

序号	技术名称	适用条件	技术特点	高效建造优缺点	工期/成本	工程案例
19	管线综合布置技术	多系统复杂管线建筑	在施工前模拟机电安装工程施工完后的管线排布情况，在计算机上用BIM软件进行管线"预装配"，缓解了机电安装工程中存在的各种专业管线安装标高重叠、位置冲突的问题	优点：全面指导现场各专业施工工序编排，减少返工，有效提高施工质量，节约工期，降低工程成本	节约成本458万元，缩短工期36d	天津周大福金融中心

高效建造管理

4.1 组织管理原则

在施工总承包管理中，我们将坚持"公正""科学""统一""控制""协调"的原则，以实现工程目标为目的，确保向业主交付满意工程。

在总承包管理中，公正是前提，科学是基础，统一是目标，控制是保证，协调是灵魂（表4.1-1）。

"公正""科学""统一""控制""协调"的原则解释　　　　表4.1-1

原则	内容
"公正"原则	在总承包管理中，无论是在选择材料、管理分包商，还是在施工管理过程中面对各种问题，对主承包项目和其他项目，都将以业主利益、工程利益为重，以确保整个工程在施工过程中能顺利进行
"科学"原则	对于任何一项工程，总承包管理中我们都坚持科学的原则，因为在总承包管理中，所涉及的环节多、方面广，相当一部分管理工作不能够直接预期结果。因此，只有以严谨的态度，借助科学、先进的方法、手段来进行管理协调，才能很好地实现管理目标，体现出管理的质量与水平。科学的方法可以充分发挥各方面的优势，通过合理的调配、组合避开与弥补各方不足，充分调动各方积极性，发挥各方的长处
"统一"原则	对于整个工程的施工过程，只有统一于总承包方的管理，才能更好地运转，为工程优质、高效、安全、文明地完成施工任务创造良好的环境和条件
"控制"原则	设置独立的施工总承包管理部门及人员，配备各种专业的监督、协调、管理工程师，采用有效的控制手段，对分包工程进行监督控制，确保控制原则得到深入的落实和执行
"协调"原则	通过协调将各个分包单位之间的交叉影响减至最小，将影响施工总承包管理目标实现的不利因素减至最少。在总承包管理中，协调能力是总承包管理水平、经验的具体体现。只有把协调工作做好，整个工程才能顺利完成

4.2 组织管理要求

1. 组建项目管理团队

要求主要管理人员及早进场，开展策划、组织管理工作，项目总工、计划经理必须到位，开展各种计划、策划工作。根据场馆规模大小和重要程度，设置专职施工方案、深化设计和计划管理人员。

2. 分解目标管理要求

根据招标要求或合同约定，确定项目工期、质量、安全、绿色施工、科技等质量管理目标，分解目标管理要求。

3. 研究策划工程整体施工部署，确定施工组织管理细节

结合会议展览工程结构形式、规模体量、专业工程、工序工艺和工期的特点，以工期为主线，以"分区作业，分段穿插"为原则，制订施工计划。土建结构整体施工进度以给钢结构提供工作面为目标，钢结构以给外幕墙、屋盖提供工作面为目标，展厅、会议室装饰施工以幕墙、屋盖体系基本结束不再交叉施工为条件，根据施工段划分情况穿插施工。

4. 根据工期管理要求，分析影响工期的重难点，制订工期管控措施

主要重点部位如下：地基与基础、钢结构和屋盖结构、幕墙、厨房、卫生间、展厅、设备机房、消防水池等。

5. 劳动力组织要求

土建劳务分包组织。根据土建结构形式和工期要求，结合目前劳务队伍班组组织能力，进行合理划分。施工区域按照每家劳务队伍不大于 6 万 m² 划分。

拟订分包方案（参照）：根据施工段划分和现场施工组织、主体劳务施工能力等情况，一般将工程划分为 3~4 个施工段，场馆外围待钢结构吊装完成后再进行施工，劳务队伍可暂不选择。

6. 二次结构、钢结构、停机坪屋面、外幕墙、室内装饰装修、机电安装、电梯、消防、智能化等专业分包计划

根据工期要求和实体工程量、专业分包能力综合考虑。制订专业分包招采和进场计划。具体参照表 4.2-1。

专业分包工程招标计划、施工时间表（绿地山东国际金融中心）　　　　表 4.2-1

序号	专业名称	单位	招标完成时间（开工后第 n 天）	最迟施工开始时间（开工后第 n 天）	总工期（d）	备注
1	桩基工程	项	开工日 60	开工日 80	60	
2	钢结构工程	项	100	140	1400	地下混凝土结构＋塔冠钢结构

续表

序号	专业名称	单位	招标完成时间（开工后第 n 天）	最迟施工开始时间（开工后第 n 天）	总工期（d）	备　注
3	光伏发电专业分包	项	1435	1480	120	
4	室内装修	项	1140	1200	520	带粗装修
5	幕墙工程	项	1100	1160	410	以主体龙骨开始时间为准
6	市政工程	项	1600	1660	180	含道路、广场
7	景观工程	项	1600	1660	180	
8	消防工程	项	1100	1160	410	含消防、水、电
9	通风空调	项	1200	1280	500	
10	夜景照明及LED	项	1400	1450	200	
11	智能化工程	项	1200	1280	440	

7. 地基与基础工程组织管理

地基与基础在工期管理中占有重要地位，由于水文地质、周边环境、环保管控等不确定因素，对整体工期影响巨大，必须重点进行策划，特别是对基础设计和施工、试桩、检测方案等进行严密论证，确保方案的可行性。

8. 主要物资材料等资源组织

主体阶段对钢材、混凝土、周转工具等供应进行策划组织，确定材料来源，供货厂家资质、规模和垫资实力等，确定供货单位，确保及时供应，并留有一定的余量。制订主要材料、设备招标、进场计划。

混凝土搅拌站选择：根据总体供应量和工程当地混凝土搅拌站分布情况，结合运距和政府管控要求，合理选择足够数量的搅拌站供应。对后期小方量混凝土供应必须提前策划说明，防止后续混凝土停工现象影响二次结构等施工。

9. 设计图纸及深化设计组织管理

正式图纸提供滞后，将严重影响工程施工组织进度，应积极与设计单位对接，并与其确定正式图纸提供计划。必要时分批提供设计图纸，分批组织图纸审查。

会展建筑结构复杂，钢结构、幕墙等均需进行深化设计，必须提前选定合作单位或深化设计单位。积极与设计单位沟通，并征得其认可，有利于深化设计及时确认。根据图纸要求分析、制订深化设计专业及项目清单，组织相关单位开展深化设计，以便于招标和价格确定、施工组织管理、设计方案优化和设计效益确定。

10. 正式水电、燃气、暖气、污雨水排放等施工和验收组织

项目施工后期，水电等外围管网的施工非常重要，决定能否按期调试竣工。总包单位

要积极对接发包方和政府市政管理部门，积极配合建设单位、专业使用单位尽早完成施工，协助发包方办理供电、供水和燃气验收手续，并与建设单位一起将此项工作列入竣工考核计划。

超高层项目验收

5.1 分项工程验收

按照国家、行业、地方规定及时联系相关单位组织分项验收。涉及特殊工艺专业工程，不在建筑工程十大分部范围内的分项工程验收时，检验批及分项验收资料地方有规定的按地方规定，无地方规定的根据施工内容套用十大分部内的相同内容，无相同内容时根据验收规范自行编制资料表格进行资料编制。

5.2 分部工程验收

按照国家、行业、地方规定及时联系相关单位组织分部工程验收，见表 5.2-1。

分部工程验收清单　　　　　　　　　　　　　　　　表 5.2-1

序号	验收内容	注意事项	验收节点	验收周期（d）	备注
1	地基与基础	桩基检测	基础完工	10	分阶段检测、验收
2	主体结构	结构抽检（包含混凝土强度、钢筋保护层厚度）	二次结构施工完成	15	根据楼层高度由下向上分段验收
3	建筑节能	墙体节能、备案证等	竣工验收前	1	
4	屋面	蓄水淋水试验、材料检验	竣工验收前	1	

续表

序号	验收内容	注意事项	验收节点	验收周期（d）	备注
5	电梯工程	特种设备检测部门验收并出具检验报告、合格证	电梯检测合格后	15	根据启用需求分批分区验收，报告出具时间10d左右，使用单位到当地市场监管局出具电梯合格证
6	电气工程	隐蔽验收	正式供电消防检测	10	
7	给水排水及采暖	打压	正式供水消防检测	60	
8	通风与空调	风量检测	消防检测	10	
9	电梯工程	调试	验收、移交	30	
10	智能建筑	调试	消防检测	60	

5.3 单位工程验收

按照国家、行业、地方规定及时联系相关单位组织单位工程竣工验收。

5.4 关键工序专项验收

施工过程及施工结束后应及时进行关键工序专项验收，确保竣工验收及时进行，见表5.4-1。

关键工序专项验收 表 5.4-1

序号	验收内容	验收节点	验收周期（d）	备注
1	建设工程规划许可证	开工	30	包含取证时间
2	施工许可证	开工	30	
3	桩基验收	桩基处理完成	5	过程分批验收，最后一次完成单项验收
4	幕墙专项验收	幕墙完工	10	
5	钢结构子分部专项验收	钢结构完工	20	
6	消防验收	消防完工	15	
7	节能专项验收	节能完工	5	

序号	验收内容	验收节点	验收周期（d）	备注
8	规划验收	装饰完成	30	包含报资料、复测、报告
9	环保验收	室外工程完成	30	包含提交资料时间，建筑工程环境指标检测
10	人防验收	人防工程完成	30	
11	白蚁防治	白蚁防治完成	10	
12	档案馆资料验收	竣工验收前	30	

6

案 例

6.1 项 目 概 况

6.1.1 项目总体概况

天津周大福金融中心工程位于天津市经济技术开发区，第一大街与新城西路交叉口。总用地面积 27772.35m²，南北长约 185m，东西宽近 171m；工程总建筑面积 39 万 m²，由香港周大福集团投资开发，涵盖甲级办公、豪华公寓、超五星级酒店等众多业态，由 4 层地下室、5 层裙楼和 100 层塔楼组成。塔楼采用"钢管（型钢）混凝土框架 + 混凝土核心筒 + 带状桁架"结构体系。办公面积约 14 万 m²；公寓面积约 5 万 m²；酒店面积约 6.4 万 m²，包含 364 套客房，辅助服务设施涵盖游泳池、宴会厅、会议室、水疗中心、健身中心和特色餐厅等（图 6.1.1-1）。

6.1.2 建筑功能分布

天津周大福金融中心集办公、酒店式公寓、酒店等众多业态于一体，结合城市活动的可能性，使其不单是形象意义上的城市标志，更是功能意义上的城市地标（表 6.1.2-1）。

图 6.1.1-1 天津周大福金融中心效果图

建筑功能分布表 表 6.1.2-1

+530.000

94~100层塔顶

+444.350

88层设备层/避难层

92~93层餐饮
74~91层酒店

+356.050
73层设备层/避难层
+337.380

58层设备层/避难层

46~72层
服务式公寓

45层设备层/避难层
44层设备层

+222.300
+207.330

32层设备层/避难层

7~43层办公

20层避难层
19层设备层

6层设备层/避难层

+26.940

1~5层裙楼及
大堂、餐饮

地下4层   ±0.000
-21.400

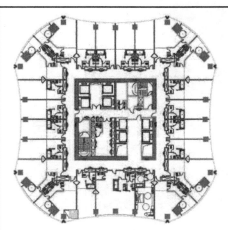

本层为塔楼73层酒店平面图，建筑标高
±356.050m，层高3.75m

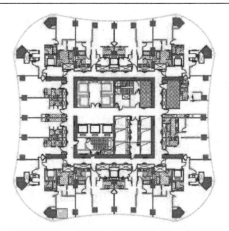

本层为塔楼51层服务式公寓平面图，建筑标高
±253.900m，层高4.15m

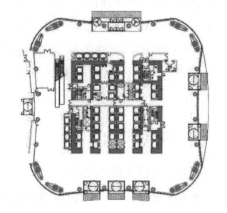

本层为塔楼首层平面图，建筑标高 ±0.000m，层
高6.5m

6.1.3 结构基本概况

工程采用桩筏基础，裙楼为钢筋混凝土框架结构，塔楼采用"钢管（型钢）混凝土框架＋混凝土核心筒＋带状桁架"结构体系。塔楼核心筒内插有钢板、钢骨柱，外框结构由角框柱、边框柱、斜撑柱、钢梁、三道带状桁架、帽桁架、塔冠钢结构和筒外压型钢板组合楼面组成。其中，外框柱在竖向结构先后经历"钢管混凝土柱→劲性柱→纯钢柱"的变化过程（图6.1.3-1、图6.1.3-2）。

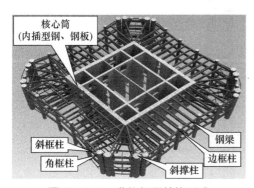

图6.1.3-1 非桁架层结构形式

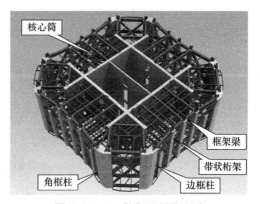

图6.1.3-2 桁架层结构形式

本工程钢结构由塔楼外框钢柱钢梁、环带转换桁架、环带桁架、帽桁架、塔冠、核心筒内插钢骨柱与钢板剪力墙、雨棚、裙楼钢柱钢梁、宴会厅桁架、天幕、屋顶钢构架等11个部分组成（图6.1.3-3、图6.1.3-4）。

6.1.4 机电设计概况

本工程机电系统划分为给水排水工程、通风空调工程、消防工程、建筑电气工程、建筑智能化工程等（图6.1.4-1、图6.1.4-2）。

6.1.5 幕墙设计概况

幕墙总面积约11万m²，其中塔楼幕墙包括单元式玻璃幕墙、明框构件式幕墙、开缝挂板式铝板幕墙等，玻璃幕墙形体向上内外倾曲面设计效果，涉及15000块玻璃幕墙，7000余种不同样式；裙房幕墙包括全隐框

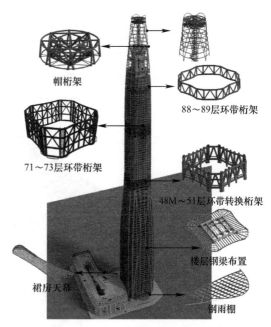

图6.1.3-3 主要钢结构立面分布

幕墙、半隐框幕墙、铝挂板幕墙、采光顶幕墙等，顶部设置108m长异形双曲面"米"字形网格状采光顶，外围护设置435m多曲面"米"字形网格状彩釉玻璃幕墙。

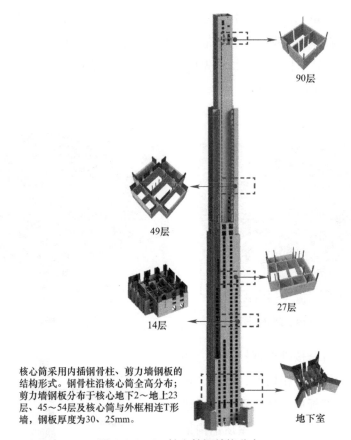

核心筒采用内插钢骨柱、剪力墙钢板的结构形式。钢骨柱沿核心筒全高分布；剪力墙钢板分布于核心地下2~地上23层、45~54层及核心筒与外框相连T形墙，钢板厚度为30、25mm。

图6.1.3-4 核心筒钢结构分布

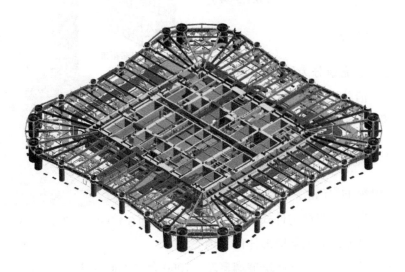

图6.1.4-1 塔楼办公区机电模型图1

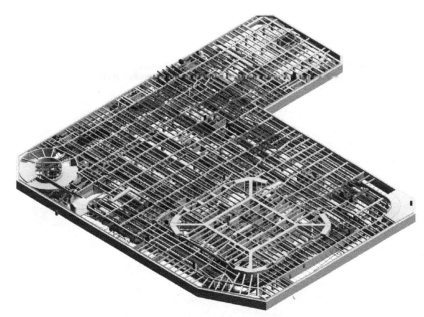

图 6.1.4-2 塔楼办公区机电模型图 2

6.2 项目实施组织

工程施工以"分区作业、突出主塔、搭接施工"的原则进行总体安排,确保关键线路上各工序的施工工期。施工总流程安排如下:

(1)地下结构施工阶段以钢筋混凝土结构施工为主导工序,地上结构施工阶段以钢结构施工为主导工序,竖向各区结构验收完毕后,以装饰装修和机电工程施工为主导工序,其他工序做好配合和穿插。

(2)主体结构、装饰及机电安装做好穿插,每段结构验收完毕后,幕墙、机电安装及室内装饰装修施工尽早插入,各专业做好本专业内各工序及相关专业工序间的合理搭接、平衡协调及计划调度,确保完成总工期目标。

6.2.1 土方开挖及支撑支护结构施工组织

塔楼地下室即 B2 区的土方开挖及支撑施工部署如下。

1. 基坑支护设计及施工

B2 区裙房的支护结构由地下连续墙加钢筋混凝土支撑组成。进场前地下连续墙已经由第三方单位施工完毕,混凝土内支撑根据土方开挖进度随时插入施工。

（1）第一步设置四个出土口出土，土方相当于盖挖逆作施工（图6.2.1-1）。

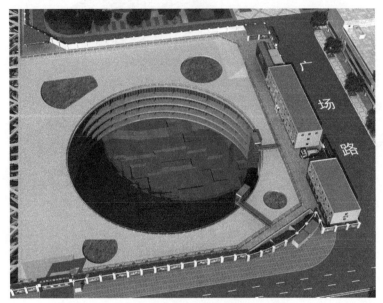

图6.2.1-1 B2区土方出土口设置

（2）第二步土方采用首道支撑上站立挖掘机直接挖出，坑内小型挖机倒运（图6.2.1-2）。

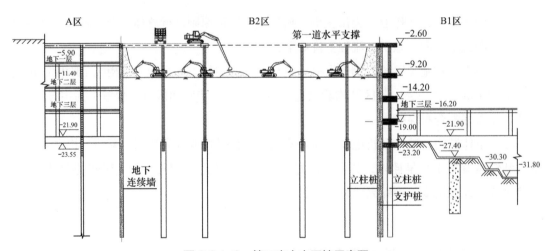

图6.2.1-2 第二步土方开挖示意图

（3）第三步土方采用首道支撑上站立挖掘机，首层出土口对应下方放置钢板，挖掘机站立旁侧，将第三步土方倒运至钢板上，首道撑上的挖掘机将土方倒运出基坑（图6.2.1-3）。

（4）第四步、第五步土方利用抓铲取土（图6.2.1-4）。

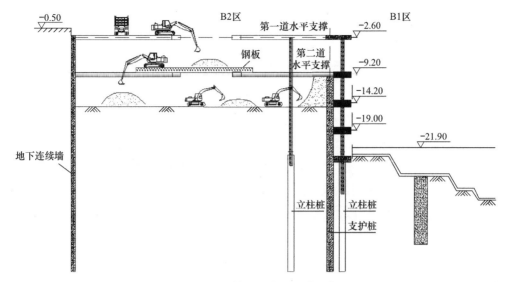

图 6.2.1-3 第三步土方开挖示意图

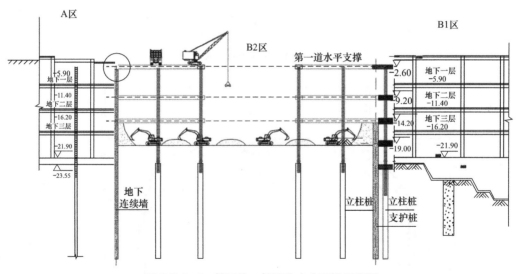

图 6.2.1-4 第四步、第五步土方开挖示意图

（5）B1 区环撑外支护桩随挖土随破除，不影响支撑施工的支护桩保留，基坑监测需要的四根保留。保证 B1 环形支撑梁安全（图 6.2.1-5）。

2. 支护结构施工

（1）各层支撑与 B1 环形支撑、地下连续墙植筋连接，具体植筋深度等参数参见相关图纸。

（2）支撑底面土体平整后铺设多层板作为模板，不再浇筑混凝土垫层。

（3）钢筋、模板倒运一部分利用出土口，一部分在 B1 区东西南北四个方向设置卸料平台，每施工一层支撑，卸料平台向下移动一层（图 6.2.1-6、图 6.2.1-7）。

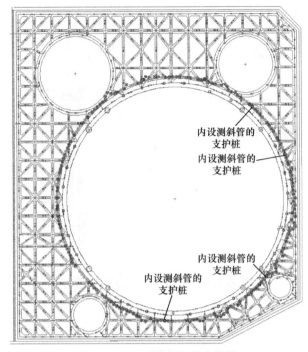

图 6.2.1-5　需要保留的支护桩

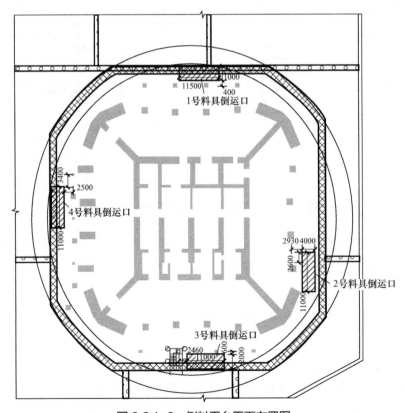

图 6.2.1-6　倒料平台平面布置图

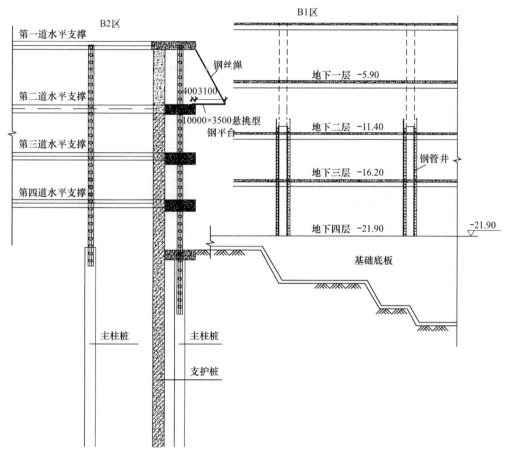

图 6.2.1-7　倒料平台剖面示意图

6.2.2　结构工程施工组织

1. 施工区段划分

1）地下部分施工区段划分

地下结构施工区段按照支护结构形式划分为塔楼（B1 区）、一期裙房（B2 区）、二期裙房（A 区）。一期塔楼根据地下结构形式分为四个施工区段，即 B1-1～B1-4（注：B1 区塔楼基础底板施工为一个施工区段）。一期裙房根据温度后浇带的布置形式分为八个施工区段，即 B2-1～B2-8。二期裙房根据温度后浇带的布置形式分为七个施工区段，即 A1～A7。详图 6.2.2-1 所示。

2）地上结构施工区段划分

一期裙房地上 1～4 层结构分 A5、A6 两个施工段。二期裙房地上 1～4 层结构分 A1～A4 四个施工段进行施工。塔楼核心筒地上结构整体向上施工。筒内水平混凝土与筒外水平混凝土同步施工，即 B1、B2 区。详图 6.2.2-2 所示。

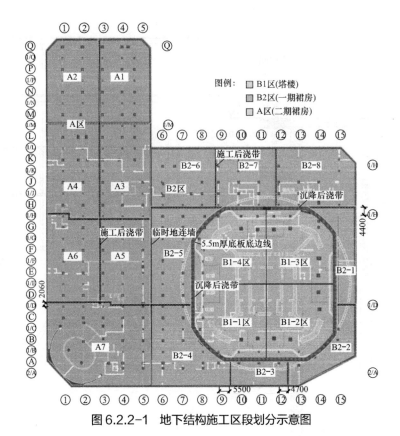

图6.2.2-1　地下结构施工区段划分示意图

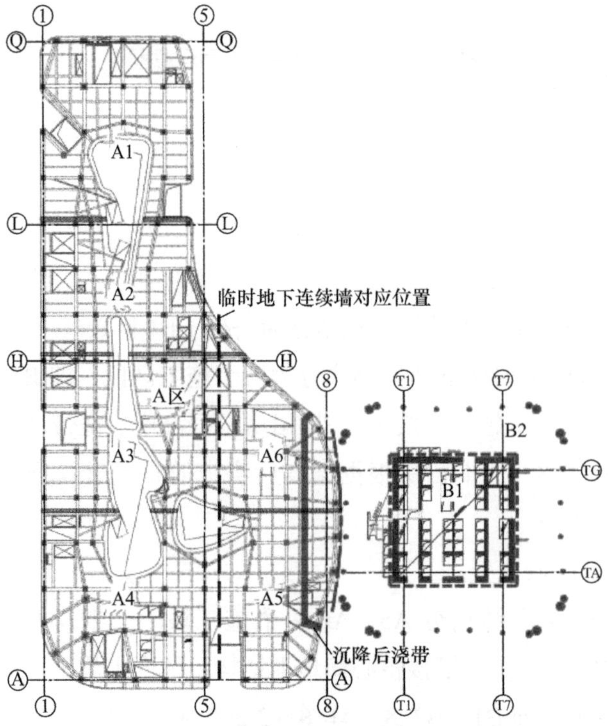

图6.2.2-2　地上结构施工区段划分示意图

一期裙房地上 5 层根据结构形式分为三个施工区域，即 A5～A7 区，其中 A7 区为钢结构施工区域。详图 6.2.2-3 所示。

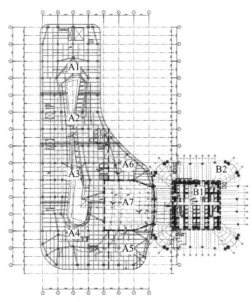

图 6.2.2-3　一期裙房地上 5 层施工区段划分示意图

3）施工区划分

根据天津市关于分部工程验收办法的最新要求，为尽快插入二次结构、初装修及机电安装专业的施工，根据本工程功能区的不同，主体结构部分共划分为 9 个施工区进行验收。详图 6.2.2-4 所示。

2. 施工顺序

1）地下结构施工部分

（1）二期裙房地下部分混凝土结构按照后浇带的划分依次从 A1、A2～A3、A4～A5、A6～A7 区进行流水施工作业。

（2）塔楼地下部分混凝土结构施工为基础底板分为一个施工区域平行施工，底板以上至 ±0.000 以下按照划分的四个施工段依次从 B1-1—B1-2—B1-3—B1-4 区进行流水施工作业。

（3）塔楼裙房地下部分混凝土结构施工按照后浇带的划分分为 8 个施工区，地下一层以下结构施工为两个施工区作为一个施工流水段，即 B2-1～B2-2、B2-3～B2-4、B2-5～B2-6、B2-7～B2-8 区平行流水施工。在施工至地下一层时，为了保证塔楼地上部分施工用的材料堆场，将 B2 区地下一层竖向结构及首层水平结构分为两个施工区域进行流水施工，即 B2-4～B2-6 为一个施工区，B2-1、2、3、7、8 为一个施工区（图 6.2.2-5）。施工时地上材料堆场作倒运转化。

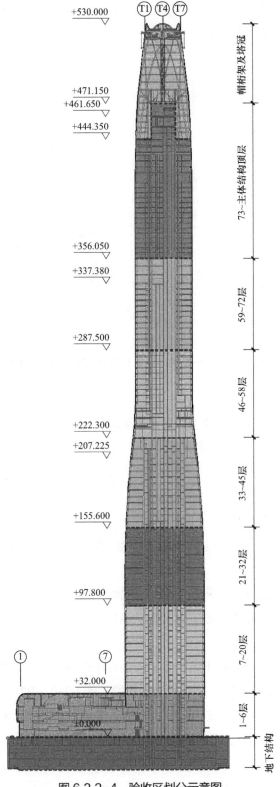

图 6.2.2-4 验收区划分示意图

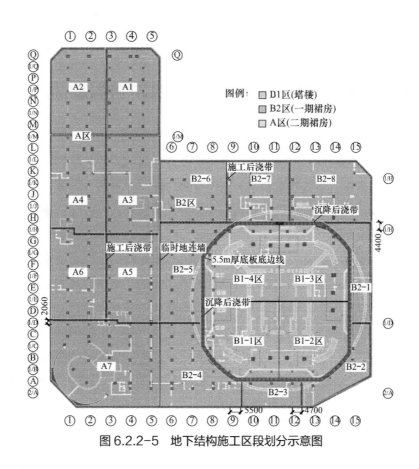

图 6.2.2-5 地下结构施工区段划分示意图

2）地上结构施工部分

地上结构二期裙房部分 4 层以下分为 4 个施工段流水进行施工，即 A1～A4；一期裙房地上部分结构 4 层以下分为 2 个施工段流水进行施工，即 A5～A6；塔楼地上部分以核心筒筒内、筒外划分为两个施工区段，即 B1、B2 区。

3. 施工组织

为保证塔楼关键工期，裙房配置一个施工队，按照施工区段的划分进行流水施工；塔楼配置一个施工队组织施工，确保塔楼关键线路工期的顺利进行。

6.2.3 机电安装工程施工组织

1. 施工区段划分

根据机电工程系统设计及功能分区情况，结合结构工程验收竖向分区划分，并综合考虑土建主体结构/室内装修的施工进度计划和机电系统工程量的分布情况，将整个机电工程主要划分为 9 个施工区：地下部分施工区、地上结构 1～6 层施工区、塔楼 7～20 层施工区、塔楼 21～32 层施工区、塔楼 33～45 层施工区、塔楼 46～58 层施工区、塔楼 59～72 层施工区、塔楼 73～主体结构顶层施工区、帽桁架及塔冠施工区。

2. 施工顺序

根据招标文件总工期和节点工期的要求，将整个机电安装工程的施工进程划分为施工准备阶段、配合土建预留预埋阶段、主体安装阶段、配合装修施工阶段、调试阶段和竣工验收阶段，总体施工顺序为自下而上、分区插入、区内分层流水施工。

3. 施工组织

根据本工程的结构特性和施工总进度计划的安排，机电安装的整体施工依据"分区分层施工、交叉循环搭接、分区分段调试、整体联动"的原则来进行部署。

结构施工阶段，机电各专业配合结构施工做好预留预埋，及时穿插施工，保证预留预埋和土建结构同步施工。

地下结构验收完成后，首先进行地下室部分的机电系统的配电房、空调机房、消防泵房、给水排水系统等功能性房间的施工，确保后续工程的用电、通风和用水的需要，特别是消火栓系统优先安排施工，以保证精装修阶段的防火要求。

机电系统调试按设备的供电、供水范围分地下室及裙楼、塔楼低区、塔楼中区、塔楼高区四个阶段进行。每个阶段各专业系统调试完成后，进行系统联合调试。

机电专业主干线的施工从 2015 年 9 月 1 日开始，至 2017 年 3 月 3 日完成，在 2017年 12 月左右完成机电各专业的综合调试工作。

6.2.4　初装修、精装修工程施工组织

1. 施工区段划分

1）初装修施工区段划分

裙房及塔楼初装修的施工区段按照主体结构验收的节点及时插入，一期、二期裙房施工区段主要分为地上、地下两部分，塔楼按照主体结构验收计划共分为 7 个施工区段，即 1～6 层、7～20 层、21～32 层、33～45 层、46～58 层、59～72 层、73～97 层。

2）精装修施工区段划分

精装修工程为建设单位指定分包，根据本工程施工总体部署，精装修的施工在初装修分区域完成后随即进行插入施工。一期、二期裙房精装修施工区段按照地上、地下两部分，塔楼按照功能分区不同，其施工区段共分为 6 个，即首层大堂精装修 2～6 层精装修，7～45 层（办公区）精装修，46～72 层（公寓）精装修，73 层以上（酒店）精装修，92、93 层空中餐厅精装修。

2. 施工顺序

初装修工程按照主体结构验收时间，从下至上依次插入施工。由于本工程工期较为紧张，初装修施工从下至上按楼层依次推进，为后期精装修尽快提供工作面，并及时办理验收移交手续。

精装修工程为建设单位指定专业分包，为确保精装修专业分包的及时插入，及时督促建设单位进行精装修单位的招标工作，并分功能区列出详细的招标计划，报送建设单位。精装修分包根据初装修完成的时间及功能区划分从下至上及时插入施工。

3. 施工组织

根据本工程总体施工部署，初装修、精装修队伍的施工区域应尽可能大地拉开施工区段的间隔，从而缓解材料、人员的垂直运输压力。塔楼部分按照功能区及施工区段的划分，从地上二层依次向上插入施工，待上部精装修基本施工完毕后，最后施工首层大堂的精装修工程。

6.3　高效建造技术

6.3.1　超深基坑施工及超厚基础底板施工

6.3.1.1　超深基坑土方开挖方案

1. 技术概况

本工程基坑总面积 24700m²，设计图纸整体分为两区（裙楼区、塔楼区）施工，两区中间设置一道临时分隔墙。其中，裙楼区基坑面积为 10700m²，开挖深度为 23m，支护体系采用地下连续墙 +4 道混凝土内支撑；塔楼区基坑面积为 14000m²，又分为塔楼和副楼，主塔楼区开挖深度约 27m，支护体系采用"支护桩 +5 道环梁支撑"；副楼开挖深度为 23m，支护体系采用"地下连续墙围护 +4 道混凝土内支撑"，基坑安全等级为一级。基坑开挖见图 6.3.1-1、图 6.3.1-2。

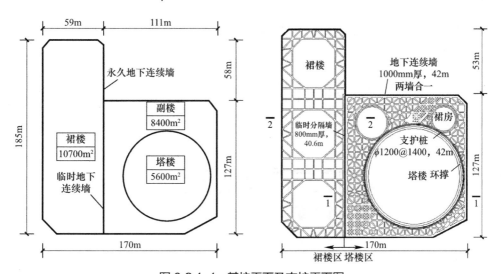

图 6.3.1-1　基坑平面及支护平面图

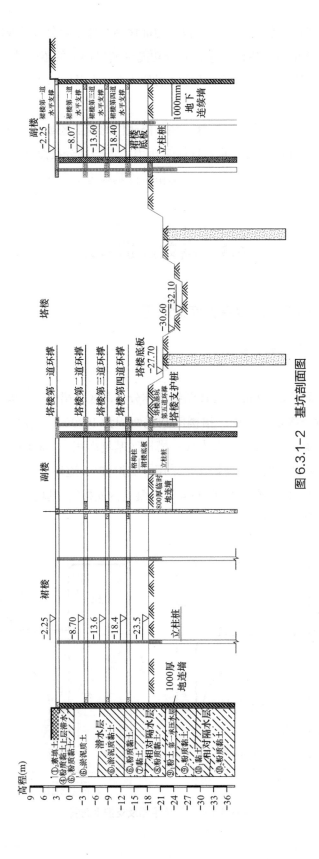

图 6.3.1-2 基坑剖面图

2. 技术难点

（1）本工程基坑深度达 32.3m，属超深基坑，基坑安全等级为一级，施工中突发事件可能性非常高。

（2）施工场地狭小，土方量大，工期紧，且土方出土时间为 22:00～次日 6:00，有效工作时间仅 8h，日出土量大，土方运输车辆多，容易造成交通拥堵，组织施工困难。

（3）基坑地下水位高，做好基坑降水和预防基坑渗漏是本工程的重点。

（4）周边环境复杂，做好基坑监测，信息化指导施工，是本工程的关键。

3. 方案分析

目前，深基坑土方多采用挖掘机进行开挖和范围不大的水平及垂直倒运；对于向上提土高度较大的情况，大多采用长臂或加长臂挖掘机进行开挖和上提。但实际施工过程中，部分基坑土方开挖的深度较大，且受空间狭小限制，超出了加长臂挖掘机的上提和倒运高度，因此目前有垂直抓斗机、升降机等方式进行土方的垂直运输，解决了土方垂直运输的难题。应根据各工程的不同工况，选择合理的施工机具，最大程度地发挥机械的效率，解决土方工程中的瓶颈问题。

1）分阶倒土

在采用明挖或者盖挖深度较大，且当场地满足放坡并经过验算能保证土坡稳定性时，形成多级放坡的条件下，可以采用分阶倒土。投入多台挖掘机进行垂直和水平运输。这是工程中最常见的深基坑出土形式，如条件允许，开挖深度不受机械的因素限制。

2）栈桥倒土

在明挖深度较大，且场地不能满足基坑放坡，围护结构外围场地狭小，无法形成行车或倒运土方工作面的情况下，为保证土方顺利上倒、形成倒运土方的车辆行走及挖掘机作业工作面，而修建的位于基坑上部，从基坑外通向基坑内部的临时桥梁、平台设施，挖掘机处于栈桥上，可以进行土方上提，开挖的土方经过倒运或者直接装车外运。栈桥多采用钢筋混凝土或钢结构。利用大型挖掘机或加长臂，可将栈桥以下 10m 深度的土方进行上提外运。土方外运效率取决于所用挖掘机的效率。

3）升降机垂直出土

升降机进行土方外运既可以适用于明挖基坑，又适用于盖挖基坑，均效果较好，采用大功率装载用垂直升降机将土方车直接运至挖土面标高，基坑内通过挖掘机倒土实现水平运输，装车后利用升降机运至地面，可以达到高效快速取土的效果，大大改善了逆作法取土效率慢的问题。挖土深度不受开挖机械限制，具有土方开挖机械化程度高，施工作业条件好的优点。

4）传送带出土

可在地下工程多重内撑及超深基坑中实现土方的连续垂直运输。受空间条件影响较小，垂直皮带运输机和传统的水平皮带运输机及相关附属设备组成的深基础工程排土设备，采用连续式排土，生产效率高，且排土能力不受基坑深度加深的影响。当挖土深度变化后，可通过扬程调节机构使垂直皮带机及防护罩相应延伸。但是由于传送带物料依靠与带体之间的静摩擦力运行，具体在工程上实施，受土质情况、基坑尺寸、多重支撑等空间制约影响较大，具有较大的局限性。

5）坡道出土

在基坑周围条件允许的条件下，修建进入基坑的坡道，实现装卸土方车辆直接开到基坑底部装土外运，简单快捷。但是修建坡道费用较高、工期较长，后续需拆除。

4. 小结

本工程基坑属超深基坑，具有工期紧、体量大、地质条件复杂、技术复杂、环境保护要求高等特点，综合考虑现场土质实际情况、场地布置情况、工期情况、费用投入等，采用分阶倒土方式出土，投入多台挖掘机进行垂直和水平运输，结合岩土体特性，以合理坡率保证边坡自稳，加快施工速度，达到了加固边坡、保护环境的目的，并通过施工过程的严格组织与实施，确保了工程质量和施工安全。

6.3.1.2 超厚基础底板混凝土浇筑方案

1. 技术概况

本项目塔楼基础底板面积 5600m²，底板厚度 5.5m，最深处 9.9m，底板主要钢筋规格为 40mm 直径 HRB500 级钢筋，用钢量约 5600t，底板混凝土浇筑量为 33600m³，强度等级为 C50 P10。

2. 技术难点

（1）项目处于滨海新区核心闹市地段，交通拥挤，大体量混凝土浇筑需占用交通主干道，且施工场地狭小，施工组织难度极大。

（2）基础底板厚 5.5m，局部深度达到了 9.9m，混凝土等级为 C50 P10，混凝土浇筑量达 3.36 万 m³，属于典型的高强大体积混凝土，质量要求高，确保混凝土快速连续浇筑难度大。

（3）基础底板体量大，工序多，基坑暴露时间长。然而，工程地处软土地区，存在明显的"时空效应"，坑底极易发生承压水突涌。所以，必须优化施工工序，缩短底板混凝土浇筑时间，及时完成底板封闭，降低基坑突涌风险。

3. 方案分析

1）方案介绍

目前，深基础大体积混凝土浇筑常常采用汽车泵、地泵、溜槽或"串筒＋溜槽"等方式，传统底板混凝土浇筑方式有着鲜明的优缺点，具体如下：

（1）汽车泵或地泵泵送方式：优点为布料灵活；缺点为场地需求大、浇筑速度慢、泵送设备租赁费用高，同时地泵拆换管用时长。

（2）溜槽浇筑方式：采用钢管脚手架支撑+木质溜槽。优点为节省场地、道路及泵送费用，且浇筑速度快；缺点为架体工程量大、搭设及拆改时间长、架体租赁费用高、安全系数低，同时脚手架搭设部位无法进行混凝土收面，且在底板内留下大量渗水通道，后期处理难度大。

（3）溜槽+串筒浇筑方式：通过串筒降低混凝土落差，采用脚手架+木质溜槽进行水平导流。优点为节省道路、场地及泵送费用且浇筑速度快，较溜槽搭设架体量小；缺点为架体工程量大、搭设及拆改时间长、架体租赁费用高、安全系数低，同时脚手架搭设部位无法进行混凝土收面，且在底板内留下大量渗水通道，后期处理难度大。

2）方案创新

经过上述多种浇筑方式的比较分析，发现均存在较大缺点，需创新浇筑方式，确保底板混凝土又快又好浇筑完成。

底板混凝土采用自主研发的工具式大口径溜管体系。设置"两单三双"五道溜管，实现基坑全面覆盖，最大浇筑量达每小时1000m³。溜管系统由竖向、水平、分支溜管及分支溜槽、集束串筒、格构支撑组成。水平溜管倾斜角度为15°，与竖向溜管均采用377mm大口径钢管分段制作、法兰连接。分支溜管底部设360°旋转装置与溜槽结合，实现覆盖无盲区。溜管布置见图6.3.1-3、图6.3.1-4。

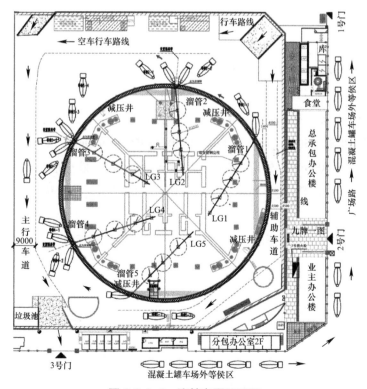

图6.3.1-3 溜管布置平面图

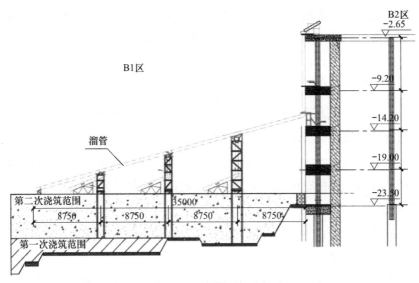

图 6.3.1-4　溜管布置剖面图

4. 小结

针对传统底板混凝土浇筑方式的优点和缺陷，创新采用溜管法浇筑体系，38h 浇筑 3.36 万 m³ 底板混凝土，打破国内同类工程浇筑纪录，比预计节省工期 10h 以上，实现又快又好的工程效果。

6.3.2　核心筒施工

6.3.2.1　核心筒墙体施工防护架体系

1. 技术概况

核心筒地上 97 层，平面从 33.175m×33m 的矩形，经过 5 次变化后，变为 18.8m× 18.4m。外墙厚度有 1500、1450、1350、1250、1050 和 900mm 六种，墙厚变化幅度有 50、100、150 和 200mm，外墙内侧不变、外侧向内收。最小层高 1.925m，最大层高 10m，层高变化大。内墙厚度有 800、350mm 两种，墙厚不发生变化。模架选型直接影响着施工质量与效率。

核心筒概况如图 6.3.2-1 所示。

2. 技术难点

综上，核心筒有以下特点。

1）设计特点

（1）平面形状变化大。初始平面由内外两圈墙体组成，有 6 种典型平面，经历 5 次较大变化：第一次左下角缩减；第二次右上角缩减；第三次左上角和右下角缩减；第四次只留下翼墙，变为井字形；第五次翼墙缩减，变为小矩形。

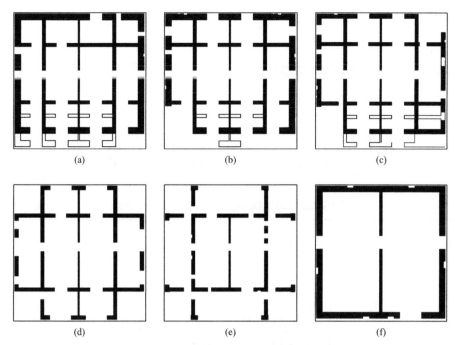

图 6.3.2-1　核心筒平面图

（a）1～12 层核心筒平面图；（b）13～32 层核心筒平面图；（c）33～43 层核心筒平面图；（d）44～45 层核心筒平面图；

（e）46～72 层核心筒平面图；（f）73～97 层核心筒平面图

（2）墙体厚度、布置变化大。墙体内洞口位置变化较多，外圈墙体由 1.5m 逐渐减小为 0.9m，变化幅度最大为 200mm。

（3）层高高，变化多。最小层高为 1.925m，最大层高为 10m，总共 36 种层高变化。

（4）墙体内劲性钢构件多，位置变化大。墙体内的钢骨有型钢柱和钢板。劲性钢构件并非每层都有，在平面上的位置也不固定。

2）施工特点

（1）垂直运输压力大。混凝土结构最大高度 471.15m，材料、人员等的运输压力大，对塔式起重机依赖性高，垂直运输能力决定了工程施工速度。

（2）工期紧。根据总工期倒排的结果，核心筒结构施工平均每层只有 4.5d。

（3）风荷载大。工程地处天津滨海沿海地区，风荷载大。

3. 方案介绍

针对本工程的特点，对核心筒墙体施工防护架体及模板体系提出以下技术要求：

（1）模板能自我爬升，减少对塔式起重机的依赖；

（2）模板安装与拆除便捷，适应工期要求；

（3）具有足够的强度和刚度，能为各种材料和工具提供足够尺寸、足够刚度的堆放平台，能抵抗高空风荷载；

（4）适应平面形状变化能力强，遇变化仅作较小改动或不改动；

（5）适应墙体厚度和墙体洞口位置变化，遇变化只作较小改动或不改动；

（6）适应较高的层高和较多的层高变化；

（7）能提供覆盖 4 个楼层的作业面，以满足工期要求；

（8）尽量减少对塔式起重机爬升次数的影响。

目前，超高层施工中普遍采用爬模、提模、液压整体顶升平台三种模架体系。针对本工程核心筒特点，三种模架体系各有优缺点，具体分析见表 6.3.2-1。

不同模板体系在本工程核心筒中使用的优缺点分析　　　　表 6.3.2-1

工艺名称	爬模
图例	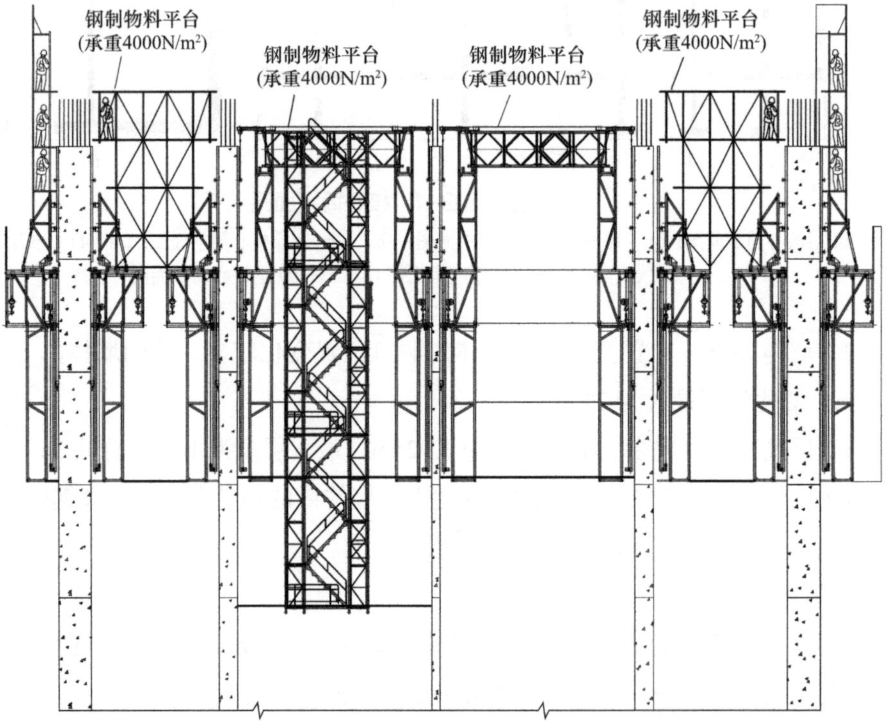
工艺原理	液压爬升机构依附在已成型的竖向结构上，利用双作用液压千斤顶先将导轨顶升，之后架体沿导轨向上爬升，从而达到整个爬模系统的爬升
优点	可形成一个封闭、安全的作业空间。 可分区几个架体成组爬升，也可整体爬升，比较灵活。局部达到施工条件即可爬升，不需要相互等待。 可倾斜爬升，适应结构角度变化。 操作空间开阔，钢筋就位与绑扎空间大，施工效率高。 平面附着点多，整体稳定性易满足要求，可抵抗较大的风荷载；单片架体爬升时，竖向至少有两个附着点，稳定性强。 竖向附着点多，平台刚度容易满足，用钢量少，自重小，对结构附加荷载小。 绝大部分构件都可重复利用

图中标注：钢制物料平台（承重4000N/m²）

续表

工艺名称	爬模
在本工程中使用的缺点	支撑点较多，对同步性要求更高，多点位同步性保障率低。 竖向支撑位置距离新成型混凝土层较近，对混凝土早期强度要求较高，影响架体爬升，对工期不利。 高度低，提供的作业面少，对工期不利。高度提高后整体刚度不易满足。 核心筒墙厚多次变换，适应墙厚变化能力弱。油缸行程一般为250～450mm，系统爬升一个楼层需要多次往复伸缩，耗时较长，对工期不利。 油缸较多，漏油污染混凝土时有发生。 架体布置需要考虑尽量避开门洞、窗洞等，布置较困难。 墙体平面布置变化较大，洞口位置有变化，需要中途对架体布置进行多次调整，影响工期
工艺名称	提模
图例	
工作原理	在混凝土结构中的钢格构柱上设置提升装置，将整体操作平台向上提升
优点	形成一个封闭、安全的作业空间，核心筒墙体施工全部集中在平台系统中，机械化程度高，文明施工，速度快，形象好。墙体变截面时操作方便、简单
在本工程中使用的缺点	需要利用型钢柱作提升支撑，本工程部分墙体、部分楼层中没有型钢柱，需要自行设置型钢柱，费用较高；工程已有型钢柱位置有变化，需要对中途架体进行调整，工作量大，影响工期。 提升机位多，同步性差
工艺名称	液压整体顶开平台
图例	

续表

工艺名称	液压整体顶开平台
工作原理	在核心筒预留的洞口内设置顶升钢梁，利用大行程、大吨位液压油缸和支撑立柱，将上部整体钢平台向上顶升，带动所有模板和操作挂架上升，完成核心筒竖向混凝土结构的施工
优点	整体平台系统形成一个封闭、安全的作业空间，核心筒墙体施工全部工作集中在整体平台系统中，机械化程度高，文明施工，速度快，形象好。 采用大行程、大吨位液压油缸，伺服系统控制，爬升过程快捷、平稳。 全程电脑控制提升机构，同步均衡提升，无须人工参与，减少人为失误；工人劳动强度低，用工量少。 平台、架体与模板系统均采用液压系统整体顶升，其中模板系统可独立上下移动，减少了对垂直运输的依赖，提高了施工效率。 对平面变化和墙体厚度的适应能力强，针对变化操作方便、简单
在本工程中使用的缺点	支撑方式实现困难。墙体内有钢板、型钢柱等，在墙体内预留孔洞时需要将墙体主受力钢筋断开，也需要在钢板、型钢柱上开洞，对结构受力影响较大，需要提交原结构设计复核。 支撑位置设置有困难。本工程平面存在变化，外围墙体逐渐缩减，除非中途更换支撑位置，否则支撑只能布置在内圈墙体上。而这一体系需要在两片平行的墙体或相互垂直的墙体之间架设钢梁，作为液压油缸水平支撑钢梁支撑的附着点。 本工程内圈存在两片平行的墙体，但其距离较远，钢梁设置困难，同时有一片墙体厚度只有800mm，需要在同一部位同时承担两个油缸的支撑点，设置上有困难，承载力也难以保证。而如果选择内圈墙体的四个内角作为支撑点，则需要在门洞上方设置支撑点，对墙体承载力要求较高，可能需要加固。但两种钢梁设置方法，均使得支撑点位太靠近内部，导致平台悬挑较大，对平台刚度要求较高，平台用钢量将较大，同时对墙体的荷载也增大，对墙体承载力要求更高

根据以上分析可知，本工程核心筒若采用爬模与提模，将存在较多问题需要解决，而采用智能化整体平台板体系，具有一定的优势。

4. 小结

综合比较，本工程采用具有一定优势的智能化整体平台板体系。

6.3.2.2　高适应性整体顶升平台支撑系统设计

针对核心筒结构层高、结构类型、平面布置、墙体截面等变化多的特点，以本工程为依托，研发出多维可调、安全可靠、智能高效的高适应性整体顶升平台及模架体系，有效解决了300m及以上超高层核心筒施工与整体顶升平台设计、安装、使用、拆除中遇到的难题。与传统顶模相比，本工程高适应性整体顶升平台及模架体系在施工速度、对结构变化的适应性、施工安全性、实体结构施工质量等方面均具有明显优势。

1. 技术概况

整体顶升平台自重及作用在平台上的荷载通过支撑立柱传递给支撑体系，支撑体系将荷载传递给核心筒剪力墙，作为荷载的传递载体，采用横梁式支撑模式。

2. 平面设计

支撑系统的平面设计，关键点是支点布置设计。支点布置，既要考虑承载力和稳定性，又要兼顾墙体平面各阶段布局，还要考虑与塔式起重机、施工电梯等设备的协调。为考虑适应墙体各阶段布局，支点设计须从墙体最终阶段向最初阶段逆向推演，如图 6.3.2-2 所示。

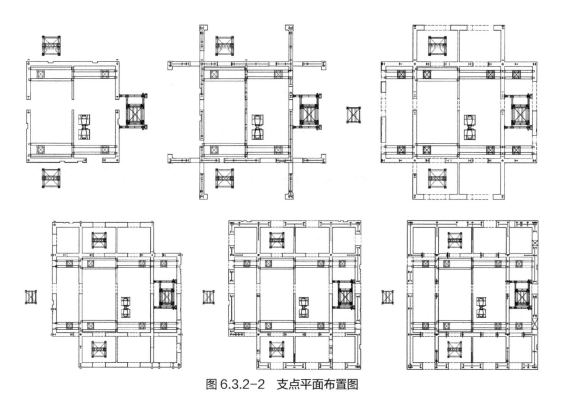

图 6.3.2-2　支点平面布置图

3. 立面设计

1）支撑系统立面上构造

顶升平台在立面上从下至上的受力构件分别为下横梁、增高柱、上横梁、立柱、桁架，如图 6.3.2-3 所示。

为便于安装和增加周转率，立柱设计成 8m 一节，上、下横梁之间的增高柱也设计成由多节组合而成，且桁架与立柱、立柱各单元之间、立柱与横梁之间、增高柱各单元之间全部采用螺栓连接。

本工程油缸采用倒置式，即油缸活塞杆在下、缸体在上，且缸体设置在立柱空腔内，以便于维护与检修。油缸的活塞杆定在增高柱顶部，油缸缸体前段则与上横梁通过螺栓连接。当油缸活塞杆伸出时，上横梁与增高柱之间距离变大，从而实现顶升平台的顶升。

上、下横梁的顶部设置一个插入其内部的牛腿，此牛腿利用小千斤顶实现伸缩。当需要横梁将荷载传递给墙体时，牛腿伸出；当需要横梁向上运动时，牛腿缩回。

2）立面高度设计

立柱的总高度，由结构层高、施工步距、核心筒墙体是否有钢板剪力墙等因素决定。由于墙体内存在钢板墙，顶升平台从下到上需要为墙体养护、墙体混凝土浇筑、墙体钢筋

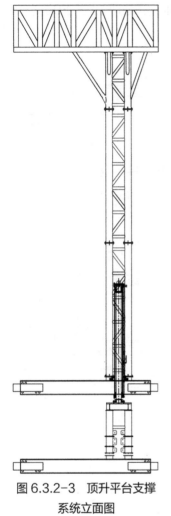

图 6.3.2-3　顶升平台支撑
系统立面图

绑扎、墙体钢板安装等提供空间，因此顶升平台在高度上需要提供 4 层多的操作空间（图 6.3.2-4）。

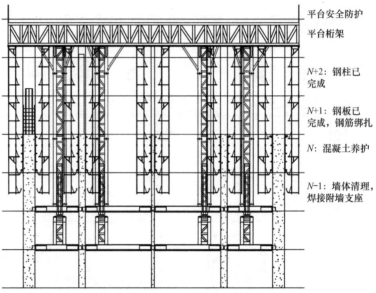

平台安全防护
平台桁架
N+2：钢柱已完成
N+1：钢板已完成，钢筋绑扎
N：混凝土养护
N-1：墙体清理，焊接附墙支座

图 6.3.2-4　顶升平台立面分区图

上、下横梁之间的间距尺寸根据层高和顶升步距决定，根据此间距决定增高柱的长度。为保证顶升时横梁内牛腿能顺利缩回，加上增高柱后的上、下横梁的轴线间距必须比爬升步距小 50～100mm。

3）如何附着以保证安全和顶升便捷

通过设计可伸缩牛腿，将平台荷载传递给核心筒墙体，箱梁端头与墙体间预留 100mm 距离，牛腿收缩至箱梁内之后，对箱梁进行提升，整体平台通过上下支撑箱梁交替支撑在核心筒剪力墙上实现整个平台的爬升；支点位置支撑立柱应充分考虑墙体支模所需要的操作空间，同时兼顾挂架防护单元宽度，避免空间狭小而影响提升。支撑设计详见图 6.3.2-5、图 6.3.2-6。

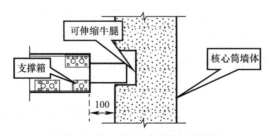

可伸缩牛腿

支撑箱

核心筒墙体

100

图 6.3.2-5　箱梁与墙体间的距离

4）如何降低对附着处混凝土强度的要求

工期紧，平均 4.5d 就需要进行一次顶升，核心筒混凝土强度达到能够承受牛腿反力时才可进行顶升，整体顶升平台初始阶段面积约为 1200m²，最后阶段约为 300m²，因此在平台初始阶段应增设支点，支点越多，平台顶升对核心筒墙体强度要求就越小。支点增设位置需随后根据整体顶升平台功能分区、荷载取值等进行确定。

4. 小结

综合比较，本工程选择横梁式支撑模式，在操作便利性及经济性方面均有较大优势，并通过平面、立面的优化设计达到理想的工程效果。

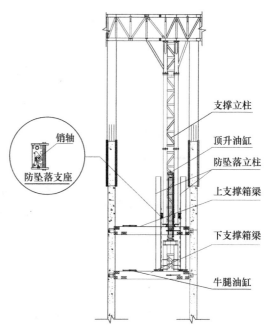

图 6.3.2-6　支撑（支点）设计立面示意图

6.3.2.3　高适应性整体平台与附着系统深化设计

1. 技术概况

平台与附着系统是保证人员、材料等进入核心筒结构的主要运输通道，随着超高层结构施工难度增加，可爬升的施工平台（架体）越来越多地用于核心筒结构施工。如何保证能够安全、高效、快速地将施工人员运送至顶升模架作业区，是超高层核心筒结构施工的主要技术难题。

2. 平台桁架的深化设计

1）桁架布置原则

（1）平台桁架与塔式起重机、施工电梯的位置关系，桁架走向需考虑这些特殊位置。

本工程核心筒最初布置 4 台动臂塔式起重机，其中 3 台布置在筒内。因此，在桁架布置时需要避开塔式起重机，同时需为桁架留出足够空间，确保塔式起重机摆动不碰到桁架，桁架与塔身之间需要留出安全距离，确保安全。

同时，筒内布置一台定制尺寸的双笼施工电梯直接到达平台顶部。平台顶部需留出施工电梯洞口，对此部位的桁架需进行局部加固。

（2）本工程核心筒剪力墙中分布着钢骨与钢板，平台桁架布置需尽可能避开墙体内的结构。

（3）施工电梯附着设计。

筒内采用一台双笼施工电梯直接到达平台顶部，为避免施工电梯导轨在顶升平台立面范围内悬挑长度过大，因此拟在施工电梯口位置桁架下方设计钢结构电梯框作为施工电梯导轨提供附着，确保施工电梯安全。钢结构电梯框下挂在桁架下部（图6.3.2-7）。

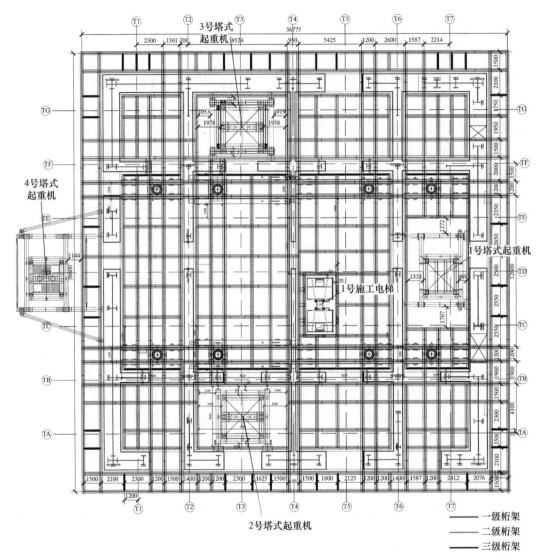

图6.3.2-7 桁架平面布置图及塔式起重机、施工电梯位置

2）平台桁架及支点设计

结合核心筒截面变化、塔式起重机位置、钢板墙分布、钢骨柱型钢分布等进行桁架走向初步设计。经过多次试算，整体顶升平台最终确定采用8支点设计，外圈增加4个支点。受南北侧两台筒内塔式起重机影响外侧4个支点分别布置在东西侧。

平台桁架为由上下双层H形钢梁、H形竖腹杆、H形斜腹杆组成的空间桁架，上下中心距离2.5m。桁架净空控制在2.2m以上，确保施工人员能够在桁架层施工作业，同时考虑顶升平台顶部作为材料堆场，桁架层内部将主要作为液压泵站、消防水箱、操控室、焊机房等场地，最大程度地节约平台顶部的施工场地。

根据使用功能，整体顶升平台须满足以下要求：材料堆放，工具与机械设备堆放，人员交通，人员生活需求，人员操作空间等。

整体顶升平台需根据核心筒墙体进行相应的变化，对于需要提前拆除的那部分桁架，预先做好分段设计，分段部位用锚栓连接。各阶段桁架平面布置图、各阶段平面布置图、整体顶升平台结构效果图详见图 6.3.2-8～图 6.3.2-11。

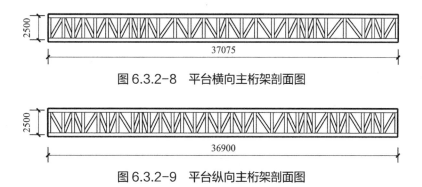

图 6.3.2-8　平台横向主桁架剖面图

图 6.3.2-9　平台纵向主桁架剖面图

图 6.3.2-10　整体顶升平台结构效果图

3）平台高度设计

本工程工期紧，因此整体顶升平台在设计过程中需要充分考虑工程的工期要求，整体顶升平台在竖向尽可能满足多作业面施工的要求。整体顶升平台高度设计中需要重点考虑以下问题：

（1）满足施工作业面要求：整体顶升竖向应满足多作业面同时进行作业的要求，本工

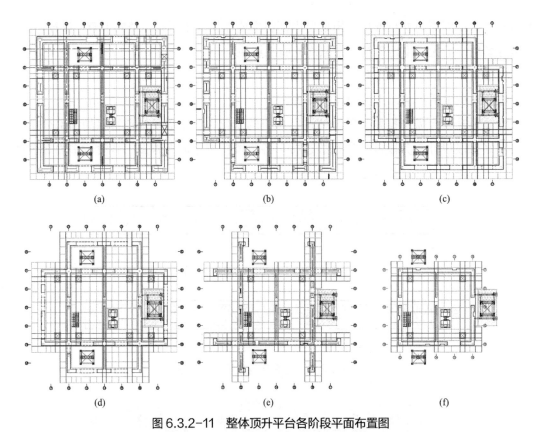

图 6.3.2-11　整体顶升平台各阶段平面布置图
（a）第一阶段；（b）第二阶段；（c）第三阶段；（d）第四阶段；（e）第五阶段；（f）第六阶段

程核心筒墙体分布大量钢板及钢骨型钢，施工焊接量大，钢结构焊接应先于土建钢筋施工，因此整体顶升平台高度范围分为钢结构施工层、钢筋施工层、混凝土浇筑层、墙面清理及养护层。竖向钢结构与钢筋施工错开，不相互影响与制约。因此，整体顶升平台高度范围内至少需要覆盖 4 个标准楼层。

（2）结合塔式起重机爬升规划确定高度：核心筒采用 4 台内爬式动臂塔式起重机进行材料的吊装，塔式起重机随核心筒施工高度的增大进行爬升。为最大限度地避免塔式起重机爬升与整体顶升平台爬升的相互制约，整体顶升平台爬升规划应与塔式起重机爬升规划协调进行。整体顶升平台高度需根据爬升规划进行小范围的调整，确保平台高度在满足爬升规划的同时最大限度地满足平台楼层的覆盖高度（图 6.3.2-12）。

结合工期要求、结构楼层高度（4.7m×4=18.8m）、塔式起重机爬升规划等确定平台高度，综合考虑以上因素，立柱高度设计为 19.45m。为方便立柱在工厂加工完成后运输至施工现场，对立柱进行分段，支撑立柱采用两节 8000mm 和一节 3420mm 格构柱通过法兰连接而成，支撑立柱与支撑箱梁采用焊接连接（图 6.3.2-13）。

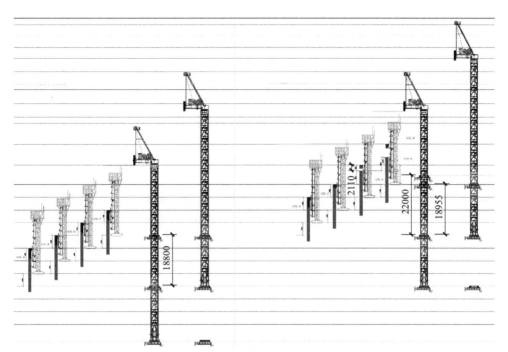

图 6.3.2-12 顶升平台与塔式起重机结合爬升规划示意图

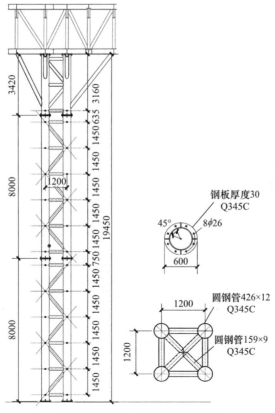

图 6.3.2-13 支撑立柱设计图

3. 支撑箱梁深化设计

1）主体设计

本工程箱梁分为上下箱梁两部分，箱梁零件材质均采用 Q345C，箱梁长度为 5400、8225、5575mm，箱梁先设定截面为 850mm×400mm×40mm×35mm（截面的大小根据有限元计算进行调整试算），材质为 Q345C。箱梁内部所用加劲板四周需要完全焊接。箱梁设计详见图 6.3.2-14～图 6.3.2-17。

2）牛腿设计

本工程支撑箱梁牛腿利用小油缸带动牛腿实现伸出和收回，通过利用核心筒墙体预留洞口为牛腿提供支点，将平台荷载传至核心筒墙体。小牛腿的截面尺寸为 300mm×450mm，材质为 Q345C。支撑箱梁平面布置图详见图 6.3.2-18、图 6.3.2-19。

4. 小结

平台与附着系统深化设计，满足桁架布置的基本原则，确保施工安全，极大地保障了高空作业人员的安全，提高了工作效率，节省劳动力、节省材料、效率高，可保证施工进度，改善高空施工作业环境，提高施工机械化与文明水平，缓解工程工期紧张带来的施工压力，尽可能地满足了多作业面施工的要求。

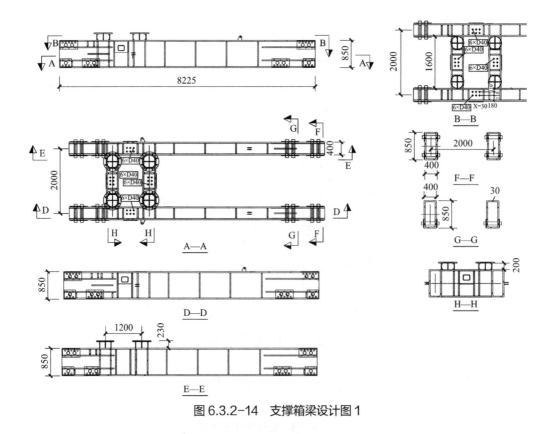

图 6.3.2-14　支撑箱梁设计图1

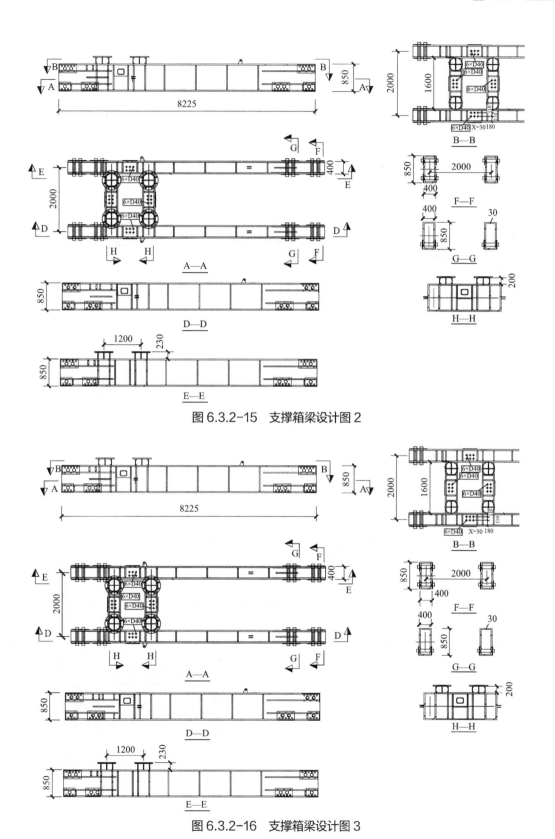

图 6.3.2-15　支撑箱梁设计图 2

图 6.3.2-16　支撑箱梁设计图 3

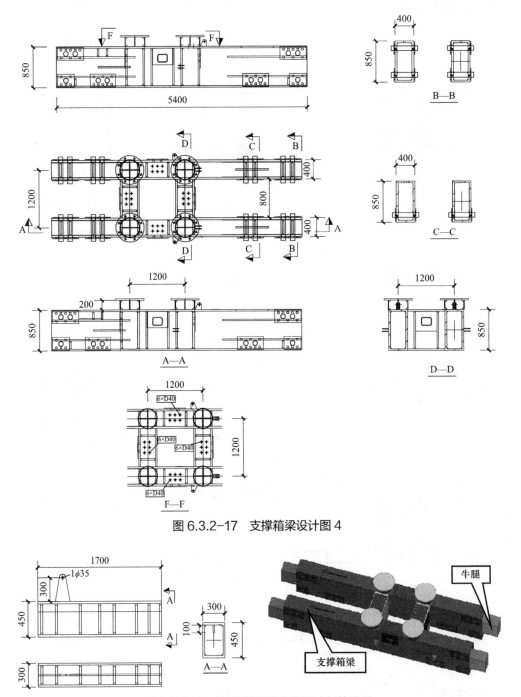

图 6.3.2-17　支撑箱梁设计图 4

图 6.3.2-18　支撑箱梁及牛腿设计与效果图

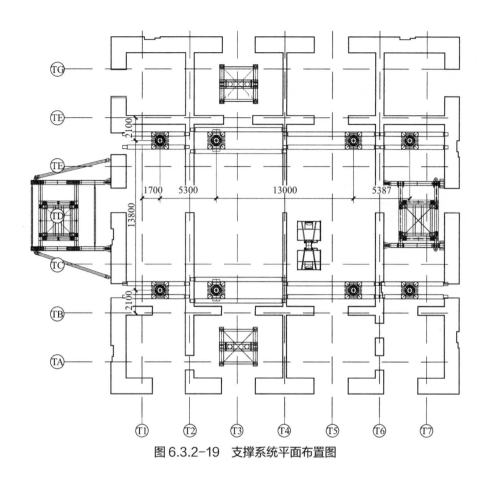

图 6.3.2-19　支撑系统平面布置图

6.3.3　钢结构施工

6.3.3.1　钢管混凝土柱施工方案

1. 技术概况

本工程塔楼外框竖向结构多为钢管混凝土柱,其截面形式有圆形、矩形、椭圆形和多边形,钢管柱高度为首层至 59 层(291.525m),混凝土强度等级为 C80。圆形钢管柱内配置贯通主筋,并设置箍筋。见图 6.3.3-1。

2. 方案分析

1)钢筋安装

外框钢管柱结构在地上领先于外框水平结构安装,外框钢管柱根据吊重、层高等因素分为 2～3 层,每节 9～13.5m 高。为确保外框钢结构的施工流水节拍,钢管柱内钢筋需随钢结构的安装进度穿插进行,在下一钢管柱安装前完成钢筋安装作业。

2)混凝土浇筑

国内钢管柱内混凝土浇筑常用方法有人工振捣法、高抛自密实法和顶升法三种,根据浇筑方案的优缺点对比，结合本工程钢管柱特点，选择最优方案。

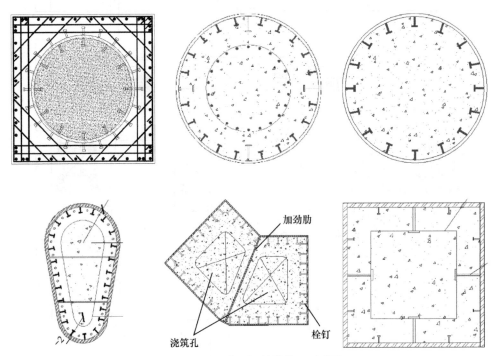

图 6.3.3-1　典型钢管柱截面形式图

对塔楼钢管柱混凝土浇筑方案进行对比，如表 6.3.3-1 所示。

钢管柱混凝土浇筑方案对比表　　　　　　　表 6.3.3-1

序号	方案	优点	缺点
1	人工振捣法	可采用普通混凝土，以人工振捣的方法使混凝土密实，混凝土单价相对较低	1）混凝土浇筑需待钢柱安装完成后进行，混凝土浇筑完成后方可进行下一节钢柱安装，两者相互制约，工期较长。 2）混凝土浇筑高度不宜过高，否则容易出现离析现象。 3）钢柱内纵横隔板较多时浇筑困难，密实度无法保证。 4）工作面狭窄、工作量大，浇筑人员需站在钢柱周边搭设的平台上，安全隐患较大。 5）需投入大量的操作脚手架和振捣人员，施工成本较高
2	高抛自密实法	将混凝土从一定的高度抛落，利用混凝土自身的优异性能达到密实效果，不用采用人工振捣，减少人工的投入	1）混凝土浇筑需待钢柱安装完成后进行，混凝土浇筑完成后方能进行下一节钢柱安装，两者相互制约，工期较长。 2）采用自密实混凝土，混凝土成本较高。 3）钢柱内纵横隔板较多，节点存在斜交情况，混凝土进入钢管后，动能损失很大，很难达到高抛效果，密实度无法保证。 4）浇筑人员需站在钢柱周边搭设的平台上，安全隐患较大。 5）需投入大量的操作脚手架，施工成本较高

续表

序号	方案	优点	缺点
3	顶升法	1）混凝土浇筑与钢柱安装互不影响，较其他方法大大节约工期。 2）混凝土浇筑质量能保证，尤其对于有复杂隔板的情况。 3）人员只需在钢柱底部操作，安全性高。 4）可节省大量的施工操作平台、防护措施等搭拆费用，以及振捣人员投入	1）混凝土顶升口需提前策划并在工厂完成开孔。 2）现场焊接顶升泵管，质量不容易控制。 3）混凝土顶升完成后，需对顶升口进行焊接封堵

综合各施工方案的对比分析，结合工期、成本、安全等因素考虑，本工程钢管柱混凝土浇筑采用方案 3 顶升法，针对顶升法的一些缺点，对顶升口的设置进行了改进并实施。

3. 小结

针对传统施工方法在钢管柱内混凝土浇筑中使用的一些缺点，对其进行优化改进，创新研发改进顶升法，可取得节约工期、保证质量、优化成本等综合成效，与其他方案相比具有明显优势。

6.3.3.2 超高超大异形外框劲性柱施工方案

1. 技术概况

塔楼采用"钢管（型钢）混凝土框架＋混凝土核心筒结构体系"的结构形式，52～88 层外框柱为复杂异形型钢混凝土框架柱，与外框钢梁组合楼板连接，各层之间异形柱截面空间上存在渐变，结构最大截面尺寸 1800mm×1800mm，钢筋密集，内部型钢结构布置不规则。此种超高超大异形外框劲性柱防护架体搭设，异形截面组合结构模板支设，劲性柱、组合楼板混凝土浇筑工序衔接等都存在较大施工难度（图 6.3.3-2）。

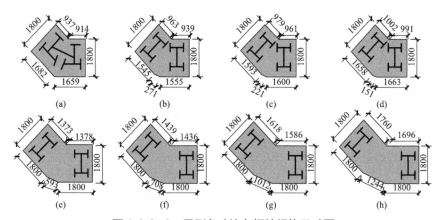

图 6.3.3-2 异形角（边）框柱规格尺寸图

（a）52～57 层角框柱；（b）58 层角框柱；（c）59 层角框柱；（d）60～68 层角框柱；（e）69 层角框柱；
（f）70 层角框柱；（g）71M 层角框柱；（h）72 层角框柱

2. 方案分析

根据现场实际工况，分别从方案可行性、经济性、安全性、施工效率等方面进行优缺点对比分析。

（1）对防护架体进行方案对比，具体分析见表6.3.3-2。

防护架体施工方案对比表　　　　　　　表6.3.3-2

方案	优点	缺点
方案一 采用爬架进行防护	施工便利，效率高	异形劲性柱截面尺寸存在渐变，爬架防护存在局限性，成本较高
方案二 采用悬挑脚手架进行防护	散搭散拆，灵活性强，解决劲性柱截面尺寸渐变问题，成本可控	效率较低

通过方案的对比，选定方案二进行施工。

因塔楼角框劲性柱截面在空间上存在渐变，竖向上每2~4层划分为一个施工段，施工段最大高度为18.75m，每个施工段底层采用工字钢悬挑方式作为整个架体的基础，型钢与劲性柱钢骨焊接，其他位置型钢的固定方式采用抱箍钢梁方式。施工段内其他楼层设置两道拉结，分别在楼面及楼层高度局部位置。悬挑外防护标准层侧立面如图6.3.3-3所示。

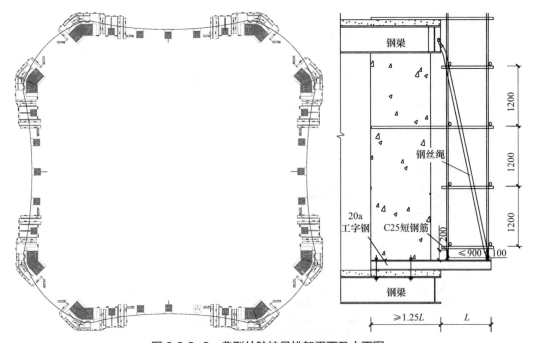

图6.3.3-3　典型外防护悬挑架平面及立面图

悬挑型钢固定端采用对拉螺杆与楼板固定。悬挑钢梁固定平面如图6.3.3-4所示。

（2）对模板支设进行方案对比，具体分析见表6.3.3-3。

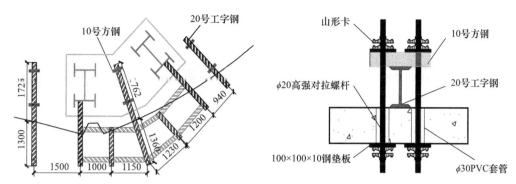

图 6.3.3-4　水平悬挑钢梁固定平面图

模板支设施工方案对比表　　　　　表 6.3.3-3

方案	优点	缺点
方案一 采用定制钢模板	施工便利，效率高，质量好	因异形劲性柱截面尺寸空间上存在渐变，定制钢模板成本较高
方案二 采用"普通木模＋木方"体系	散支散拆，灵活性强，解决劲性柱截面尺寸渐变问题，成本可控	效率较低，质量控制要求高，不利于工期控制
方案三 采用"木模＋双槽钢柱箍＋高强螺栓"体系	散支散拆，灵活性强，解决劲性柱截面尺寸渐变问题，可周转性强，质量成本可控	效率相对较低，但可控

通过方案的对比，选定方案三进行施工。

异形角框劲性柱采用"双槽钢柱箍＋木模体系＋高强螺栓对拉"模板系统，充分发挥"散支散拆"模板体系的方便及灵活性，降低异形柱模板支设操作难度。提前在钢骨上焊接对拉螺杆接驳器，与高强螺杆进行机械连接，阳角45°对拉，一次成优。异形角柱模板支设如图 6.3.3-5、图 6.3.3-6 所示。

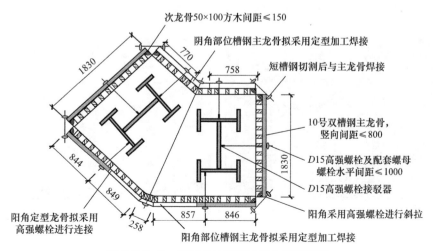

图 6.3.3-5　异形角柱模板支设布置平面图

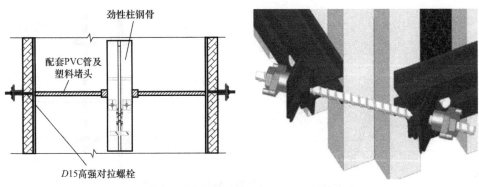

图 6.3.3-6 高强螺栓对拉及阳角 45°斜拉示意图

（3）对劲性柱与组合楼板混凝土工序方案进行对比，具体分析见表 6.3.3-4。

劲性柱与组合楼板混凝土共享方案对比表   表 6.3.3-4

方案	内容	优点	缺点
方案一	先施工劲性柱混凝土，再自下而上施工楼板混凝土	顺序施工，质量、安全可控	不利于关键线路施工，劲性柱混凝土施工直接制约上层钢结构安装
方案二	先施工多个楼层楼板混凝土，再自下而上施工劲性柱混凝土	上层钢结构安装不受下层劲性柱混凝土施工影响，直接保证关键线路工期	质量、安全管理力度增大

通过方案的对比，选定方案二进行施工。

因角框异形劲性柱空间存在角度渐变、截面大小渐变，常规先采用施工下层劲性柱、再施工楼板的方法进度缓慢，且劲性柱不垂直导致常规爬模施工水平位移较频繁。创新先将外框劲性柱钢骨与外框钢梁整体安装，保证关键线路工期，再进行各层组合楼板混凝土浇筑，最后再流水式自下而上浇筑劲性柱混凝土。施工模拟如图 6.3.3-7 所示。

图 6.3.3-7 劲性柱钢骨与外框钢梁整体连续安装及板柱分离效果图
（先浇筑各层组合楼板）

3. 小结

超高超大异形外框劲性柱采用外悬外架替代常规爬架，发明"双槽钢柱箍＋木模体系＋高强螺栓对拉"模板系统，解决劲性柱空间角度渐变、截面渐变问题，最终高质量完成超高超大异形外框劲性柱施工。采用混凝土浇筑工序倒置，先浇筑组合楼板，板柱分离，在保证施工质量安全的前提下加快关键线路工期。

6.3.3.3 钢天幕安装方案

1. 技术概况及难点

1）结构概况

裙楼钢天幕为变跨度单层网壳结构，主管跨度最大约20m，最大高度约32m，整体长度约105m，投影面积约1393.27m^2。天幕由 ϕ140mm×8mm 的上部交叉网格构件和 ϕ299mm×16mm 的底部环梁组成，总杆件4000余件，所有杆件形状均不相同。天幕底部为贯通裙房1～5层的空洞。钢天幕平面分布及剖面如图6.3.3-8～图6.3.3-10所示。

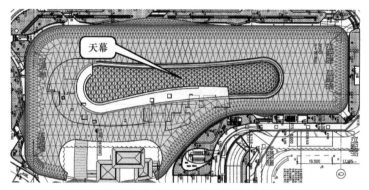

图 6.3.3-8　钢天幕平面示意图

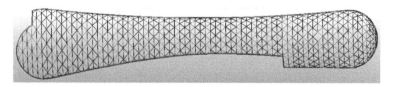

图 6.3.3-9　钢天幕轴测图

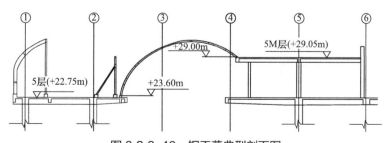

图 6.3.3-10　钢天幕典型剖面图

2）技术难点

（1）钢天幕主体为变跨度单层网壳结构，杆件众多、纵横交错，杆件之间的相对空间位置关系复杂，杆件拼装时空间定位难度极大。如何精确控制拼装过程中的杆件空间位置，是钢天幕安装的核心问题。

（2）钢天幕跨度大，杆件截面小，分段后的网格单元稳定性较差，吊装过程中易产生较大的变形，因此吊装过程中须精确计算、合理选择吊点，增加合理的防变形措施。

（3）钢天幕杆件之间的连接形式均为相贯线坡口焊接，因杆件众多，连接节点处众多杆件汇交，焊缝相当集中，焊接时的焊缝处温度集中，产生较大的焊接应力，在不均衡的应力作用下，杆件易产生较大的变形。因此，杆件汇交节点应选择合理的焊接顺序，增加可靠的防变形固定措施。

（4）钢天幕下方投影位置处的楼板为贯通1～5层的空洞，没有可供搭设脚手架的作业面，焊接作业困难。

2. 方案分析

从施工周期、施工安全、质量、成本等多方面对三种方案进行比较分析，如表6.3.3-5所示。

钢天幕安装方案比较表   表6.3.3-5

方案	内容	详细操作	优缺点	可行性
方案一	散件进场、安装	所有杆件由工厂加工完成后编号分批进场，现场安装时由中间向两边逐件进行安装、焊接，形成框架后进行技术复核，发现偏差及时调整	现场施工周期长、安装精度控制难、高空作业风险大，安装费用高，质量难以保证	可行
方案二	散件进场，分块拼装，整体吊装	将天幕整体划分为若干个施工单元，每个施工单元划分为若干个块，所有杆件由工厂加工完成后按单元、块统一编号打包，分批进场。现场在地面分单元、分块拼装，拼装完成后由中间向两边分块、分单元整体吊装	工厂加工简便，可快速发运至现场，整体施工周期有保障，成本低，但现场拼装质量控制难	可行
方案三	工厂拼装，整体吊装	将天幕整体划分为若干个施工单元，每个施工单元划分为若干个块，所有杆件由工厂加工完成后按单元、块在工厂进行拼装，分单元、分块进场，现场由中间向两边逐块、逐单元整体安装施工	质量有保障，工厂加工成本昂贵，受运输超宽超高限制，分单元、分块数量多，施工周期长	可行

3. 小结

从施工周期、施工安全、质量、成本等方面进行综合考虑后，选用方案二"散件进场，分块拼装，整体吊装"的施工方法进行裙楼钢天幕的施工，精确控制拼装过程中的杆件空间位置，节省施工成本，优化施工工期。

6.3.3.4 超高层钢结构桁架安装方案

1. 技术概况及难点

1）结构概况

48M～51层转换桁架高度方向共跨越4个楼层，高约为16m，最大跨度30m，桁架总用钢量3100t，分节后最大单根构件达81t。桁架共8榀，钢柱沿高度向内倾斜且带空间扭曲，四面轮廓均呈弧形内凹。桁架层角柱为异形箱形巨柱，桁架层上弦杆、下弦杆、斜腹杆为箱体，中弦杆为H形，主要板厚为30、40、60、80mm，材质为Q390GJC。转换桁架模型示意图如图6.3.3-11所示。

图6.3.3-11 转换桁架示意图

具体构件信息如表6.3.3-6所示。

48M～51层桁架分节信息表   表6.3.3-6

序号	构件名称	规格（mm）	钢材材质	数量（个）	总重（t）	单重（t）	焊缝长度（m）
1	钢柱	异形箱体	Q390GJG	32	1809.45	81	167
2	上弦杆	1200×1200×60	Q390GJG	16	553.21	38	153
3	中弦杆	H1100×500×30×40	Q390GJC	25	35.31	2	20
4	斜腹杆	1200×1200×80×40	Q390GJG	32	552.96	23	307
5	下弦杆	1200×1200×60	Q390GJG	16	251.15	16	153

2）技术难点

（1）转换桁架跨越4层，构件数量多、体形大，所有安装作业均为高空作业，作业效率低，安全隐患大。

（2）转换桁架整体安装精度要求高，转换节点构造复杂，空间安装定位难度大。

（3）转换桁架构件均由厚板构成，最大板厚达80mm，焊接质量要求高，焊接施工难度大。

2. 方案分析

从施工周期、施工安全、质量、成本等多方面对两种方案进行比较分析，如表6.3.3-7所示。

超高层钢结构桁架安装方案比较表　　　　　　　　表6.3.3-7

方案	内容	详细操作	优缺点	可行性
方案一	散件进场，高空散装	转换桁架所有构件由工厂加工完成后发运至现场，按照安装桁架柱—安装下弦杆—安装斜腹杆—安装上弦杆—安装中腹杆的顺序完成高空散件安装	高空焊接量大，焊缝质量难以保证，安全风险高，施工周期长	可行
方案二	工厂拼装，整体吊装	转换桁架将斜腹杆和中弦杆在工厂拼装成整体，其他构件散件进场，按照安装桁架柱—安装拼装单元—安装下弦杆—安装上弦杆的顺序完成高空安装	高空作业相对减少，施工周期短，质量容易保证，但对吊装设备要求较高，加工成本高	可行

3. 小结

在吊装设备能够满足需求的前提下，从施工周期、施工安全、质量、成本等方面进行综合考虑后，选用方案二"工厂拼装，整体吊装"，减少了高空作业，推进了施工的顺利进行，高质、高效地完成了钢结构桁架安装。

6.3.3.5　塔冠钢结构安装方案

1. 技术概况及重难点

1）结构概况

本工程塔冠位于标高481.15～530.00m，绝对高度49m，总重680t。主要包括由8个拱结构和环梁交叉形成的外部结构、中心钢楼梯、擦窗机层钢梁及卫星天线层钢梁四个部分。

外部结构竖向构件由4个高度33m的圆管拱和4个高度47.7m的圆管拱交叉编织而成，高拱与低拱分别由拱脚首尾相连形成，8个交叉柱均布于直径36m的圆周上，圆管截面有$\phi600mm \times 28mm$、$\phi500mm \times 22mm$、$\phi500mm \times 20mm$等。水平构件主要截面为□$450mm \times 450mm \times 20mm \times 20mm$、□$450mm \times 450mm \times 18mm \times 18mm$箱形环梁，沿竖向每5.5m一道与拱柱相连形成9道圆周，随着高度增加圆周直径逐渐缩小，最终直径为25m。

中心钢楼梯主要构件为□300mm×300mm×16mm×16mm的楼梯柱和小截面热轧型钢。外形尺寸为7.1m×3.25m。在标高481.150～519.650m的相对高度38.5m范围内，外部环形结构与中心钢楼梯没有任何连接。

2）技术难点

塔冠具有"两高、两大、两曲"的显著特点：塔冠自身高达49m，位于地上481～530m的建筑高度范围内，除钢楼梯外完全中空；用钢量大，达680t，冠底直径大，达36m；8道环梁和8道高低不等的双曲倒V形拱结构均为曲线构件，通过拱脚首尾相连，彼此交叉形成整体空间曲面造型。主要难点如下：

（1）构件的安装：塔冠结构位于标高481～530m之间，在第99层擦窗机层以下除钢楼梯外完全中空，无水平连接，需保证施工过程中的结构受力、结构稳定及施工安全。

（2）测量精度控制：塔冠结构安装过程中，结构不但受风荷载的影响，而且日照和温度等天气变化，使结构的空间位置始终处于动态变化状态，对测量控制的方法和测量精度提出了高要求。

（3）安全防护：塔冠结构内部中空，操作面高度落差38.5m，可用空间极其有限，安全风险高。

2. 方案类型

方案一：采用竖向临时格构式支撑胎架逐步向上施工

至塔冠底部开始沿周圈搭设格构式支撑，支撑与支撑之间搭设通道，如图6.3.3-12所示，逐层逐步向上施工，待整体施工完成后再进行格构式支撑的拆除。

图 6.3.3-12　竖向临时格构式支撑胎架施工

方案二：采用水平横向支撑随结构同步向上施工

从塔冠底部开始，每隔一定距离加设水平临时支撑，如图6.3.3-13所示，支撑数量和规格根据施工验算进行确定，选取一根水平支撑搭设装配式内外连接通道，沿外圈环梁布置装配式环形通道，下一段结构施工完成后拆除支撑，倒运至上一段循环利用。

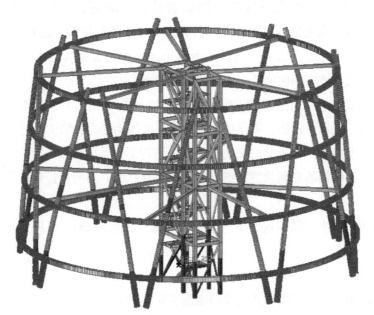

图6.3.3-13 水平横向支撑随结构同步施工

3. 方案分析

从施工周期、施工安全、质量、成本等多方面对两种方案进行比较分析，如表6.3.3-8所示。

塔冠钢结构安装方案比较表   表6.3.3-8

案例	内容	优缺点	可行性
方案一	竖向临时格式式支撑胎架逐步向上施工	技措材料多，格式式胎架支撑需工厂统一加工，支撑和通道搭设、拆除工作量大，成本高昂，施工周期长，高空作业安全隐患大	可行
方案二	水平横向支撑随结构同步向上施工	施工随结构同步进行，技措材料相对少，施工相对比较安全，成本低，施工周期短	可行

4. 小结

从施工周期、施工安全、质量、成本等方面进行综合考虑后，选用方案二"水平横向支撑随结构同步向上施工"的方法进行超高中空塔冠的施工，结构安全性好，每隔一定距离加设水平临时支撑，内力变化平缓，避免了内力突变；成本低，循环使用更加环保；工艺操作简便，易于施工人员掌握操作要领。

6.3.4 机电安装

6.3.4.1 基于 BIM 的机电安装技术

1. 技术难点

本工程机电管线密集，管道之间净距小，多专业交叉作业，施工难度大。如果没有做到统筹协调多专业交叉作业、制订相关工序计划、严格要求依据 BIM 模型精准施工，将会造成 BIM 技术的实施不落地，施工管理混乱等问题。

2. 技术措施

针对上述问题，工程提出"无 BIM 不施工"的理念，要求各专业必须严格按照 BIM 模型施工，必须严格按照总包制订的工序计划施工。具体实施步骤如下。

1）施工图纸输出

在 LOD400 模型的基础上，对复杂节点、关键位置进行剖切，生成剖面图。利用 Revit 软件从三维 BIM 模型输出 CAD 图纸的功能，根据制图标准对平面图和剖面图中的机电管线类别、型号、规格、标高、定位进行详细标注，制作综合管线图。各专业对综合模型进行拆分，形成单专业模型后，制作单专业平面图、剖面图、大样图和支架定位图。单专业施工图、综合管线图必须基于同一个 BIM 模型。

2）施工工序模拟

根据 LOD400 模型，对局部复杂部位或者关键部位，包括管廊、管井、十字交叉走廊和大型设备机房以及局部管线分层较多的部位进行施工区域划分，对每个区域进行节点划分，根据机电施工进度计划以及管线的综合排布情况，制订各节点的施工工序计划。依据施工工序计划，利用 Navisworks 软件将管线、设备的安装施工工序进行 4D 模拟，制作工序模拟视频，进行施工交底，指导复杂部位的机电管线施工（图 6.3.4-1）。

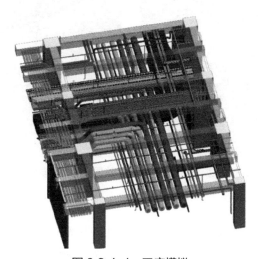

图 6.3.4-1 工序模拟

3）可视化技术交底

在施工之前，对施工区域管线排布情况、施工重难点、施工工序安排、进度计划及质量要求等内容向各单位作详细的技术交底。

4）可视化验收

区域施工完成后，组织各方对施工质量进行验收，首先对比施工管线位置、标高、尺寸及翻弯点等与 BIM 模型是否一致，其次对比管道支架间距、形式是否与 BIM 模型一致，第三复核检修空间是否与 BIM 模型一致，最后检查管道及支架的施工质量，包括管线水平度、支架垂直度、防火封堵、成品保护等。通过严格的现场管理，最终实现了工程施工效果与 BIM 模型 100% 一致，工程施工与 BIM 模型对比如图 6.3.4-2、图 6.3.4-3所示。

图 6.3.4-2　B3 层 B 区施工效果与 BIM 模型对比 1

图 6.3.4-3　B3 层 B 区施工效果与 BIM 模型对比 2

3. 小结

覆盖全区域的可以指导施工的 LOD400 模型，强调所有专业必须严格按照模型施工，充分利用 BIM 模型的特性，把 BIM 技术的应用扩展到机电施工及管理的全过程，极大地推动施工进度，提高工程质量。

6.3.4.2 接口工序协调管理技术

施工过程是一个多工序、多单位、多工种作业，又是搭接流水、立体穿插的过程。为了确保工程质量和如期竣工，各单位各工种间协调配合至关重要。本工程机电管线密集，管道距离墙体、顶棚、楼板面过近，管线之间间距小，多专业交叉作业，施工协调难度大。因此，利用 BIM 技术提前制订合理的工序协调流程和施工计划，可以有效地减轻因工序协调不当造成的负面影响，为工程施工保驾护航（图 6.3.4-4）。

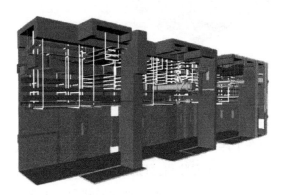

图 6.3.4-4 管线综合排布示例

工序协调主要包含机电专业间工序协调、机电与土建专业工序协调、机电与幕墙专业工序协调、机电与装饰专业工序协调以及机电与外网工序协调五大方面，其中较为繁琐的是机电专业间工序协调、机电与土建专业工序协调以及机电与装饰专业工序协调。以下针对机电专业间、机电与土建专业、机电与装饰专业工序协调进行介绍。

1. 机电专业间工序协调

机电专业间工序配合主要有复杂多层管线安装配合、受电与机电系统调试、消防与机电系统联动调试、BMS 与机电各系统联动调试、室内机电管线与外网施工配合等内容。联动调试在其他章节介绍，本部分主要介绍复杂多层管线安装配合技术。

机电专业间协调相对较为简单，施工之前可以根据相应区域的 BIM 模型和总进度计划要求，制订相应的工序协调计划。具体流程如下：

施工区域分段→分析管线排布次序→编制专项施工进度计划→制作 4D 工期模拟→完善施工工序协调计划及施工进度计划→视频交底。

在施工区域划分后，根据由上到下、由难到易的原则，对每个区域的支吊架、管道、设备安装以及各单位的人员安排制订详细工序和时间安排，再根据制订的进度安排，利用 Naviswork 软件，将进度计划及模型关联，制作 4D 工期模拟用于复核计划实施的可能性，最后完善工序计划及进度安排并进行视频交底，经各方确认后可以在现场实施。施工工序模拟如图 6.3.4-5 所示。

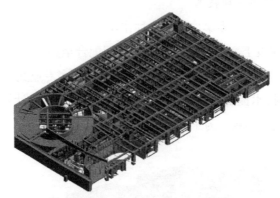

图 6.3.4-5　机电专业施工工序模拟

2. 机电与土建专业工序协调

机电与土建专业之间工序配合主要有预留预埋施工配合工序、管道井套管直埋配合工序、二次墙体套管直埋配合工序、大型设备运输与二次墙体预留配合工序、管线安装与二次墙体砌筑配合工序、地下室管线安装与顶棚涂料配合工序、管井管线施工与墙体砌筑工序、开槽配管与抹灰见白配合工序、屋面设备管线安装配合工序、防水部位的机电土建配合工序、各类机房设备管线安装与土建配合工序等。在制订工序协调计划之前应先对该位置的 BIM 模型和相关设计图纸进行分析，了解该位置所包含的具体施工专业和施工内容，明确施工要点和施工难点，然后再经过各方讨论制订切实可行的施工工序流程和计划。

主体结构预留预埋、管道井套管直埋、二次墙体套管直埋以及设备运输路线墙体预留的工序配合均在其他章节有所提及，本部分主要介绍机房内工序协调。

1）管井工序协调

本工程核心筒区域设有多个相邻管道井，管井内管道尺寸大，数量多，造成机电管线施工与墙体砌筑施工协调难，以风管井最为典型。施工工序为：

PAD 风管安装→管道试验、保温→3 号隔墙砌筑→LPD 风管及 SPG 风管安装→管道试验→2 号隔墙砌筑→消防管道安装→1、4 号外墙砌筑。

2）电梯机房工序协调

以电梯机房为例，墙体砌筑应按照专项施工方案预留曳引机运输通道，一般而言，3t 以上的曳引机需在吊装就位后进行墙体砌筑，3t 及以下的曳引机可以先进行墙体砌筑。机房内施工除电梯部件施工外还包括空调系统施工，照明、配电系统施工，顶棚饰面装修施工等内容。电梯部件包括机房部件、井道部件和底坑部件，机房部件包括主机、控制柜、限速器、变频器、闸箱等。

以 13 层电梯机房为例，曳引机质量为 1.9t，尺寸 1100×1093×936（mm），为降低曳引机运行过程中对周边办公用房间的噪声影响，机房内设有隔声墙、隔声顶棚及浮动地台（图 6.3.4-6）。各专业施工工序为：

浮动地台施工→墙体、地面施工→临时门安装→曳引机就位→爬梯、护栏安装→洞口封堵→电梯部件安装→机房内风管、风机安装→桥架、电箱安装→配管、配线及电缆敷设→隔声墙、隔声顶棚安装→灯具、开关插座、电话等末端设备安装→防火门安装→电梯运行调试。

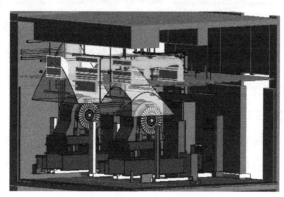

图 6.3.4-6　L13 层电梯机房

3）高低压变配电房工序协调

高低压变配电房一般设有变压器、高压开关柜、直流屏、低压开关柜、配电箱等设备。为了避免变压器运行过程中对楼板产生振动噪声，因此变压器需要设置浮动地台。浮动地台一般与结构楼板同时施工。变压器的尺寸及质量超出施工电梯轿厢尺寸及载荷能力，因此采用塔式起重机加卸料平台吊运。以 L19 层为例，变压器尺寸为 1800mm×1500mm×2100mm（长×宽×高），质量为 3400kg。卸料平台搭设在接近设备安装的位置，以减少设备在楼层内的水平运输距离。为了配合垂直运输安排，变压器需要提前运输至对应楼层就位。待幕墙封闭后才能进行机房移交和设备安装。

以 L19 层高低压变配电房为例，简要介绍变配电房内工序配合（图 6.3.4-7）。机房移交应满足以下几点要求：幕墙应按照节点计划安排做好封闭；钢结构的钢梁和钢柱做好防火喷涂；墙体砌筑完成并抹灰见白（需要预留运输通道的应按照专项方案预留运输通道），地面施工完成。本机房有无关过路风管通过，设计设有防火顶棚分隔。总施工工序为：

浮动地台施工→变压器吊装就位→幕墙封闭→墙体砌筑抹灰见白、钢结构防火喷涂→临时门安装→上层机电管线安装→钢平台吊柱安装→防火顶棚施工→顶棚下机电管线安装→设备安装就位→电缆敷设→灯具、开关插座、烟感等末端设备安装→防火门安装→设备运行调试。

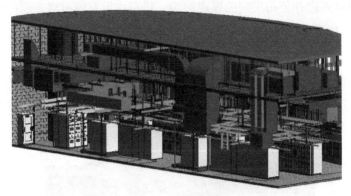

图 6.3.4-7　L19 层高低压配电房

3. 机电与装饰专业工序协调

机电与装饰专业之间工序配合主要有机电与轻质隔墙施工配合、设备层隔热顶棚与管线安装配合、后勤区顶棚与管线安装配合、设备机房隔声墙隔声顶棚施工配合、架空地台施工配合、装饰顶棚机电点位施工配合、装饰墙面点位施工配合、卫生间洁具安装施工配合等。

因卫生间土建、精装、机电穿插作业多，装修标准要求高，因此以办公区卫生间为例介绍各专业工序协调（图 6.3.4-8）。本工程坐便器采用后排水，坐便器水箱暗埋在装修墙体内。精装修施工前，墙体砌筑和机电干线施工基本已经完成。精装修进场后根据精装图纸对现场进行复测，若因机电管线标高过低影响顶棚安装的，对于机电可以调整的则机电配合调整，对于机电无法调整的则需反馈至设计顾问，由设计顾问提供解决方案。待标高问题解决后，再进行装修与机电点位的综合协调及深化图纸报审。图纸审批通过后，现场即可开始施工。实施流程如下：

精装放线→铣洞→坐便后排及地漏排水管道安装→灌水试验→墙体砌筑、抹灰及地面找平层、防水层及保护层施工（防水层施工完成后应进行 24h 闭水试验）→水箱安装，线管线盒安装→隐蔽验收→龙骨施工→面层石材安装，地砖铺装→洁具安装→精装收尾→验收。

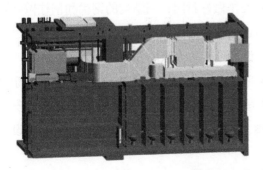

图 6.3.4-8　卫生间大样图

4. 小结

通过 BIM 技术将原本交错复杂、难以理清的机电管线安装图纸，直观地展示在计算机上，方便进行机电管线综合排布及机电与多专业间的设计协调。利用 BIM 技术直接输出施工图纸，将三维模型转化为可用于现场施工的二维图纸，二维图纸与三维模型的综合应用，解决了各个专业之间的交叉碰撞问题，为施工的顺利实施提供了技术保障。同时，有了 BIM 综合模型，实现每一步施工模拟的可视化，制订详细的工序计划和各工序的人员安排，确保管线安装的有序开展，各专业间交叉施工有序进行，提高了工程质量，加快了工程进度。

6.4 高效建造管理

6.4.1 超高层建筑可视化智能总承包管理模式

6.4.1.1 技术概况

可视化智能总承包管理模式，即借助于互联网与信息化技术，以全专业高精度 BIM 模型为基础，搭建设计平台对工程项目进行精确设计和施工模拟，建立以计划为主线、以设计为龙头、以采购为保障、以信息化为平台、以专业施工为抓手，深化组织架构管理、量化责任目标考核，强化动态协调管控，最终实现设计、施工、运营一体化的工程总承包管理模式（图 6.4.1-1）。

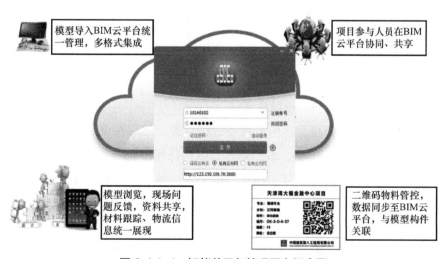

图 6.4.1-1 智能总承包管理平台概念图

6.4.1.2 技术重点

本工程图纸管理难度极大。施工方面，超深、超高、超重、大体量垂直运输管理等均为国内施工难度之最，高峰期有40余家专业分包同时交叉作业，协调管理难度较大；从采购方面讲，面临涉及分包数量众多、涉及专业众多、材料设备采购种类繁多、材料设备参数要求苛刻、材料设备采购周期长等特点。因此，采用传统的项目管理模式已经无法满足实际需求，有必要开发与创新采用新型可视化智能总承包管理模式。

本工程项目可视化智能总承包管理平台应用主要可分为以下七个方面。

1. 基于深化设计图的全专业设计协同管理

为了更加方便、有效地解决各专业在设计阶段的相互交叉问题，总包单位组织进场所有参建单位成立BIM设计团队，各专业在统一平台中协同进行设计工作，形成综合BIM模型，统一上传并进行多方综合漫游检查，将原设计中的弊端全部优化，最后直接生成施工图进行现场施工，全专业建立"无BIM不施工"的管理理念，减少返工，一次成优（图6.4.1-2）。

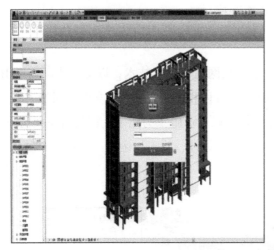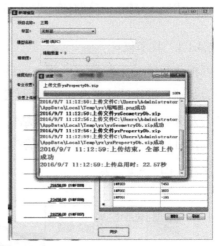

图6.4.1-2　模型上传

2. 基于构件级的全过程材料跟踪管理

根据各专业材料设备特点，将所有设备进行分类，然后在设计模型中对所有材料设备进行编码，使之具备唯一的ID，最后通过二维码将模型与实物进行关联管理，借助于物联网技术，实现材料设备从设计、深化、加工、运输、就位到运维全过程的跟踪管理（图6.4.1-3）。

3. 基于模块化的节点跟踪进度管理

根据项目特点，梳理出从项目立项开始直至项目竣工移交所有的关键时间节点，明确开始与完成时间，再导入至平台计划管理模块中，可实现节点自动考核，实时预警项目各专业工作进展情况，并将所有节点与模型相关联，通过在模型中以不同颜色标记，直观反映工程进展情况（图6.4.1-4）。

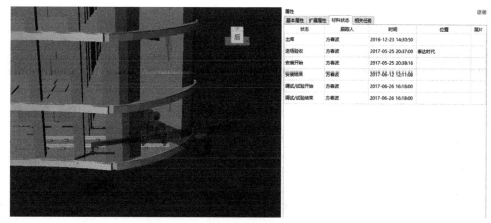

图 6.4.1-3 平台设备物流状态实时跟踪

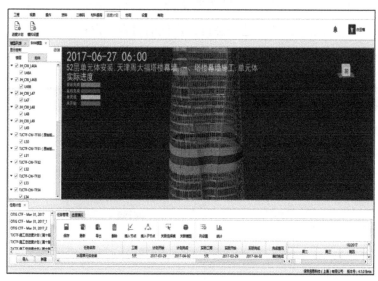

图 6.4.1-4 模型自动显示工程进度完成状态

4. 基于运输平衡的水平、垂直运输综合管理

经过智能平台对所有材料、设备进行定位，结合超高层项目实际的垂直运输能力，再根据现场实际施工进度，平台可实现自动生成物料运输计划，经现场垂直运输管理人员复核后，作为指导现场垂直运输管理的依据，使各单位材料有序进场、有序运输就位，减少不必要的二次搬运，最终实现现场材料、设备零存储的目标。

5. 以工序接口为核心的专业施工协调把控

智能管理平台提供各专业协同交流窗口，参建单位可在 BIM 模型中明确需协调部位，并将问题原因阐明，由相关单位进行回复，实用、便捷，尤其针对超高层项目接口管理而言，涉及专业众多，接口管理复杂，利用基于 BIM 模型的问题创建与交流，可直接提取附于模型中的各种相关信息，提高解决问题的效率与准确性，为项目管理增效（图 6.4.1-5）。

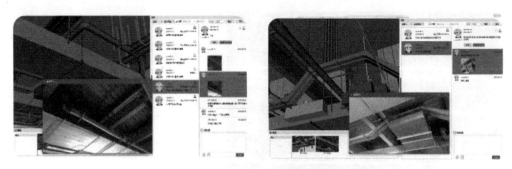

图 6.4.1-5　基于 BIM 模型的问题创建与回复

6. 以工料规范为标准的采购保障体系建立

根据设计模型对材料、设备的选型与要求，在项目初期对各专业拟使用的材料、设备进行参数化，从而为后续采购保障提供数据支持，明确所有材料、设备的规范及设计要求，优化材料、设备规格、型号，选用性价比最优的材料、设备，使项目采购成本降至最低（图 6.4.1-6）。

图 6.4.1-6　模型设备参数显示窗口

7. 以目标管理为方向的卓越绩效考核管理

根据工程实际计划，对所有参建单位与各管理部门进行考核指标量化，建立绩效管理体系，由总承包单位定期对指标完成情况进行分析考核，加强过程管理，最终实现项目的全面履约。

6.4.1.3　小结

智能总承包管理平台搭建的目的是更好地提升工程项目管理能力，借助于 BIM 技术将所有与建筑体相关联的信息综合到一起，再进行科学分析与数据处理，用于项目的复杂机电管线安装、套管直埋、平面布置、垂直运输分配等一系列的管理行为。通过对构件上粘贴二维码，随时随地了解构件所有属性，同时为后期整栋建筑运维打下坚实基础。

6.4.2　超高层建筑混凝土结构工程施工组织与管理

6.4.2.1　技术概况

目前，全球超过 300m 的超高层建筑结构形式以钢筋混凝土核心筒 + 外框钢框架组合楼板为主。混凝土结构作为超高层建筑的核心承重体系，是结构安全之本，其施工组织与管理也是项目总承包管理的基础。

6.4.2.2　超深基坑超厚混凝土底板施工组织与管理

1. 底板分级施工

本工程基坑开挖最深达 −32.3m，距离第二承压水层仅 8m，开挖面以砂性土层为主，虽然土方开挖阶段在坑中坑部位采取了注浆封底等加固措施，但是仍然存在一定的安全风险，为了加快底板结构施工，经设计院复核同意坑中坑区域底板采用分层浇筑法施工，如图 6.4.2-1 所示。第一次浇筑完成 −27.4m 以下部位，浇筑界面设置抗剪筋和抗剪槽并按施工缝要求作凿毛处理，保证底板混凝土结构整体稳定性。土方开挖完成后第 10d 完成了深坑混凝土的浇筑工作，化解了基坑渗漏和突涌风险，为快速完成基础底板施工创造了条件。

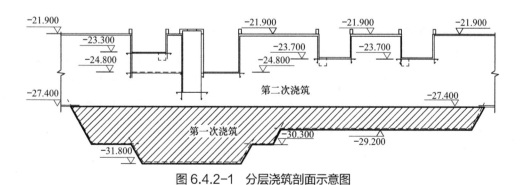

图 6.4.2-1　分层浇筑剖面示意图

2. 多排大直径底板钢筋安装

本工程基础底板钢筋多为 36mm、40mm 的大直径高强钢筋，底部钢筋最多部位到 18 层、顶部钢筋多达 6 层，需要设置大量钢筋支架，为了节约措施钢材用量，坑中坑区域钢筋分两次设置，第一次浇筑区域只需要设置简易钢筋支架，满足中间抗剪钢筋网片安装和混凝土浇筑需要即可，待第一层底板混凝土浇筑、养护结束后，在浇筑面上设置型钢支架，支撑上部钢筋荷载和施工荷载。

3. 大体积混凝土施工组织

底板最深 9.9m，大面 5.5m，第二次混凝土浇筑体量达 3.1 万 m³，由于现场条件限制，仅有优化后的裙楼首道支撑可以作为临时场地使用，不具备支设多台泵车进行混凝土浇筑的条件，经过多方案比选，最终选用了经济合理的溜管浇筑法，经过前期精心策划，最终用时 38h 完成 3.1 万 m³ 混凝土浇筑工作。

4. 大体积混凝土无线测温管理

为有效指导大体积混凝土的养护工作，采用 JDC-2 建筑电子测温仪和 HYTM 大体积混凝土测温仪（智能无线式）相结合的测温系统进行底板混凝土温度监测，原则上以无线测温仪为主，以电子测温仪为辅。在混凝土浇筑前严格按照规范要求设置温度监测点，混凝土浇筑完毕后，将预埋式测温线与数据采集传输模块连接，通过无线传输的方式，直接将数据传输至数据接收终端上，在数据接收终端上通过 USB 数据线将数据提取至计算机，经过混凝土无线测温软件处理后，可以全天候计算机自动记录监测数据，并可以生成数据报表及曲线报表。若温差超过设定值，自动测温系统将会发出警告，根据温度变化情况及时调整保温、保湿、养护措施，有效控制了混凝土结构裂缝。

6.4.2.3 地下室结构施工

1. 结构概况

塔楼地下结构呈 64m×64m 近似方形布置，中心位置设置有 33m×33m 核心筒，四角设置有 T 形组合墙柱，四周设置有钢管混凝土柱外包钢筋混凝土柱；核心筒 B2～B1 层及 T 形组合墙 B4～B1 层均设置有钢板墙。

2. 现场平面规划

根据工程总体部署，塔楼地下结构施工期间，一期裙楼正在进行土方及支撑施工，现场场地极为狭窄。塔楼区施工只能将一期裙楼首道支撑作为临时施工场地，为保证两个施工区安全、快速地施工，对现场平面布置进行详细的规划，在支撑施工阶段已将裙楼首道支撑优化成梁板结构，塔楼首道支撑加固作为钢筋车、混凝土罐车、钢结构运输车等重型车辆环形道路，最大限度地减小两个施工区的施工干扰，如图 6.4.2-2 所示。

3. 施工部署

综合分析各分项工程量，结合现场实际工况，为最大限度地实现均衡施工，以核心筒走廊结合门洞过梁位置，将塔楼地下结构按层分为四个施工段进行流水施工，施工顺序为 B1-1 段→B1-2 段→B1-3 段→B1-4 段。施工段划分如图 6.4.2-2 所示。

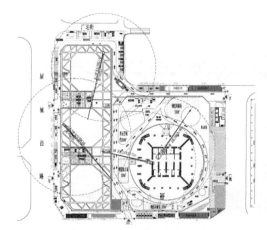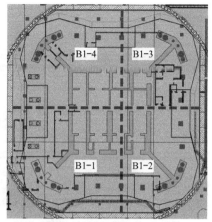

图 6.4.2-2　塔楼地下结构施工阶段现场平面布置及塔楼地下结构施工段划分图

6.4.2.4　地上结构施工

1. 结构设计概况

主塔楼结构体系为"钢筋混凝土核心筒 + 钢框架"，塔楼中心为"钢骨—劲性混凝土核心筒"，筒内水平结构为钢筋混凝土结构，外框结构由角框柱、边框柱、斜撑柱、钢梁、3 道带状桁架、帽桁架、塔冠钢结构和筒外压型钢板组合楼面组成。地上核心筒结构经过五次缩变，由 33m × 33m 的 12 宫格变成 18m × 18m 的两宫格，混凝土结构屋顶高度为471.15m。地上混凝土结构主要包括核心筒竖向墙体、核心筒水平楼板、外框柱、外框水平楼板四大部分。

2. 地上结构施工总体部署

塔楼地上结构施工组织按照"钢结构先行，混凝土结构紧跟""核心筒墙体先行，水平结构紧随"的原则，核心筒钢结构领先核心筒竖向混凝土结构 2～3 层，核心筒竖向混凝土结构领先筒内水平结构 4～6 层，领先外框钢结构 6～10 层，外框钢结构领先压型钢板混凝土组合楼板 3～4 层，按照"不等高同步攀升"向上施工。

3. 核心筒竖向结构施工组织

经过多方案比选，最终选择自主研发的智能化整体顶升平台进行核心筒竖向结构施工，整体顶升平台系统覆盖四个标准作业楼层，即钢结构安装、钢筋绑扎、模板安装及混凝土浇筑、拆模及混凝土养护四大工序可以同时在整体顶升平台内完成。为最大限度减少整体顶升平台内施工荷载和一次性人员、设备投入，经综合分析将核心筒竖向结构以中心走廊为界划分为两个施工段实现核心筒竖向结构施工流水作业，最终实现了核心筒竖向最快 2d 一层的超高层结构施工新速度，如图 6.4.2-3 所示。

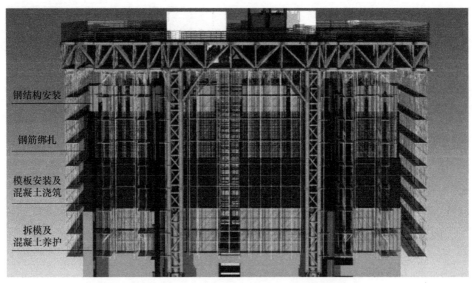

图6.4.2-3 整体顶升平台作业工况示意图

4. 核心筒水平结构施工组织

在主体结构施工阶段，四台大型动臂塔式起重机全部附着在核心筒竖向墙体上，随着结构施工同步自爬升，为了确保结构安全和满足整体顶升平台安全疏散要求，筒内水平结构需要紧跟竖向结构施工进度，滞后竖向结构不超过6层。筒内水平结构为现浇钢筋混凝土结构，采用插扣架支撑体系＋定型铝框木模施工。为了最大限度地减小塔式起重机垂直运输压力，在核心筒竖向墙体上安装了液压自爬升卸料平台用于钢筋吊运。其他钢管、模板等三大工具全部采用在顶升平台大梁下挂倒料平台进行运输，通过悬挂于顶升平台大梁上的捯链进行模板及支架的倒运，下挂平台在核心筒正式电梯井道内运行。同时，下挂平台在施工倒运层起到井道及洞口安全防护的作用，全方位确保了水平结构平均三天一层的施工速度。

5. 外框水平结构施工组织

本工程外框水平结构为压型钢板组合楼板，其施工进度也直接关系到核心筒结构安全和外框钢结构施工安全。外框面积从办公区最大的3800m² 逐步缩减到酒店区的1500m²，逐层变化。结构施工整体策划时就结合外框水平结构钢筋用量大、结构边缘变化复杂、工期紧等特点，要求钢结构外框钢梁及压型钢板安装时预留吊装孔。便于大量钢筋的倒运，减少卸料平台的拆卸次数，提高垂直运输效率，有效保证了外框水平结构施工能紧随外框钢结构安装进度，也从本质上减小了高空坠物的风险。

6. 外框柱施工组织

本工程地上结构外框柱分为三部分：1～51层为钢管混凝土柱；52～88层为SRC柱；88～100层为钢管柱。涉及混凝土结构施工的集中在1～88层，其中钢管混凝土柱全部采用顶升浇筑法。待外框水平楼板混凝土浇筑养护完成后在楼板上进行，无须单独搭设操作架及防护架，钢管柱最大直径 2300m，安装两节顶升一次，每次顶升高度约为 30m；52 层以上劲性柱截面形状多变，而且四个角部劲性柱随结构外檐逐层向内倾斜，自爬升架体无法适应结构形式变化，最终选择了中部自爬升＋角部分段悬挑的架体组合。由于 SRC 柱钢筋构造复杂、形状多变，随外框水平结构同步施工将会严重影响外框整体进度，而且施工过程安全风险较大，经设计复核外框 SRC 柱允许滞后外框水平混凝土结构 5 层，调整常规施工部署，将 SRC 柱钢筋混凝土施工安排在外框水平混凝土结构施工后进行，确保了外框整体施工进度和施工安全。

6.4.2.5　小结

攻克超深基坑超厚混凝土底板施工的管理难关，合理把控施工技术与流程，保证底板混凝土结构整体稳定性，化解施工风险；从地下到地上在混凝土超高层建筑施工中应从各个方面严把施工质量关，有的放矢地进行施工部署，同时灵活地将建筑与结构统一，以确保整个超高层建筑的质量。

6.4.3　超高层建筑钢结构工程施工组织与管理

6.4.3.1　工程概况

本工程塔楼结构为框架—核心筒形式，裙楼为框架形式。帽桁架之间形成复杂的空间交汇体系，各类结构的转变形成了不同的复杂节点。工程地处闹市，钢结构工程深化设计、加工、运输、存储与安装都面临挑战。

6.4.3.2　总体组织思路与管理要点

基于总承包动态矩阵式管理体系，钢结构协调部作为其中的专业管理与协调部门，配置计划部、设计部等 70 人的专业协调管理团队。按照"业态独立、工序交叉、专业综合、运输平衡"的原则，建立钢结构专业关键节点跟踪考核计划管理体系，派生钢结构专业资源类、实施类、验收类计划，通过二维码与模型关联，动态追踪、自动分析对比计划完成情况，考核系统自动评价，辅助动态计划调整，全面实现 4D 工期管理，关键节点完成率100%。

组建钢结构专业设计工作室，细化管控流程，依托高精度 BIM 模型，严控图纸会审、专业提资、漫游审查等环节，超前策划，实现钢结构"一件一图"精细设计，预制加工精准率 100%，实体与模型吻合率 100%，无拆改、零返工。

基于 EBIM 协同管理平台，扫码创建构件"身份识别系统"，实现"快速定位""自动更新物流状态""自动创建协同话题"等智能操作，极大地提高数据录入的准确性和协同效率，实现物流状态、质量管控、进度预警的可视化；文档信息附加在模型中，模型与资料可双向定位查看，实现总包实时发布，专业精准跟进，总包协调管理全面受控。

6.4.3.3　深化设计流程组织与管理

本工程深化设计主要包括塔楼钢柱、桁架、剪力墙钢板、钢雨棚、塔冠、裙楼钢柱、钢梁、天幕、屋面钢构架等。基于BIM三维建模软件进行钢结构深化设计工作。

塔楼外框钢柱为深化设计的最大难点，其截面形式复杂多变，多次在圆形、箱形、组合型截面之间相互转换；节点复杂，节点尺寸大。其他部位钢结构体量大，构件数量多，类型复杂。主要包括圆形、箱形、T形、H形、十字形及其相应组合形式的截面，众多节点形状相似但均不相同，要综合考虑各个构件制作、安装及焊接工艺，确保深化设计质量。深化设计人员还需与现场安装人员加强沟通，明确大型构件（如桁架层、外框柱）具体分节、钢板墙分段、典型结构施工工艺及单元划分，确保按图制作至现场的构件符合现场施工要求。

另外，剪力墙钢板、钢柱、钢梁涉及与土建钢筋工程交叉设计，如钢筋开孔、接驱器设置，过灰孔、观察孔及混凝土顶升孔的提前交叉设计等；钢梁还涉及与机电安装交叉设计，如钢梁洞口预留等（图6.4.3-1）。

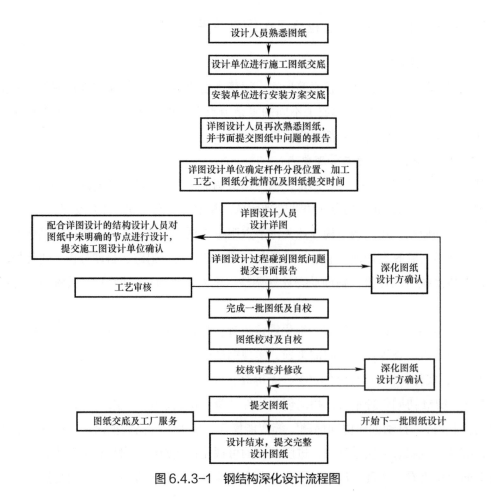

图6.4.3-1　钢结构深化设计流程图

6.4.3.4 基于 EBIM 平台的物料追踪管理

基于 EBIM 协同管理平台，为钢结构构件创建"身份识别系统"，实现"扫码快速定位""扫码自动更新物流状态""扫码自动创建协同话题"等智能化操作，极大地提高数据录入的准确性和协同效率。将计划任务与对应的 BIM 模型关联，通过调取物流状态实际时间自动对比，自动发布进度预警提示，为工期纠偏提供可视化依据。大量文档资料以信息属性形式附加在模型中，实现模型与资料的双向定位查看。

6.4.3.5 施工组织流水

通过多种方案对比，经过专家论证，塔楼施工阶段根据规划采取自下而上的螺旋状流水施工方案。其优点是：在保证满足工期的前提之下，可有效降低组织管理强度，降低制作厂的压力，降低成本。

6.4.3.6 制作与安装管理

外框钢柱合理分节，有效减少塔式起重机起吊次数，除转换桁架层为一层一节外，其余均为两至三层一节，单节最重 47t。

针对 8m 高度内扭曲 90° 的双管弯扭汇交椭圆截面钢管柱、圆转方过渡节点、异形组合截面柱、转换桁架、塔冠铸钢节点等复杂构件，依托节点优化、三维激光扫描仪复核、模拟预拼装等技术创新，确保了制作、安装精度。48 夹层至 51 层的环带转换桁架最为复杂，共分为 112 个安装单元，仅用 25d 便顺利完成安装。

通过能自动锁定目标的电机驱动全站仪循环锁定观测的三个棱镜的坐标，通过 Wi-Fi 连接实时发送到 DACS（尺寸与精度控制系统）软件中，软件通过构件 BIM 模型上特征点和棱镜的相对空间位置关系计算出棱镜在构件上的位置。之后的校正过程只需要仪器自动跟踪三个棱镜即可反算出构件上任意一点的位置坐标。结合放线机器人及焊接机器人，实现智能加工、抵位与安装，一次成优。

6.4.3.7 小结

总承包动态矩阵式管理体系及专业协调管理团队，全面实现 4D 工期管理；钢结构专业设计工作室实现无拆改、零返工；EBIM 协同管理平台达到总包协调管理全面受控；诸多管控技术使得超高层钢结构错综复杂的施工过程带来的管理难题迎刃而解，并做到周密计划、系统安排、灵活协调，更接近实际需求，施工顺利高效地完成。

6.4.4 超高层建筑机电安装工程施工组织与管理

6.4.4.1 工程概况

机电工程包含给水排水、暖通、电气等八大专业，14 个机电层，近 100 个独立运行的机电系统，设备机房众多（近 1000 个），空间狭小，机电管线密集。

6.4.4.2　机电专业流程组织与管理

设置机电专业协调部，作为总包智能部门与分包沟通协调的纽带；建立三类制度：资源管理类、施工行为约束类、分包控制类。具体细分如下：

（1）资源管理类制度包括：分包管理手册、人员进场审批制度、材料进场申请制度、临水临电申请制度、平面使用申请制度、塔式起重机使用申请制度、电梯使用申请制度等；

（2）施工行为约束类制度包括：材料进场验收制度、工作面交接制度、隐蔽会签制度、工序交接制度、安全考核制度、质量考核制度、进度考核制度等；

（3）分包控制类制度包括：物资报审审核制度、深化设计审核制度、施工方案审核制度、材料封样制度等。

6.4.4.3　计划组织与管理

计划编制包括：资源类、实施类、验收类。具体细分如下：

（1）资源类计划包括：材料设备类计划、深化图纸类计划、方案类计划、劳动力计划、工作面需求计划等；

（2）实施类计划包括：机电专业总进度计划、机电专业年度计划、机电专业月度计划、机电专业周计划等；

（3）验收类计划包括：人防验收计划、规划计划、电气监测计划、消防验收计划、防雷监测计划、节能验收计划、工程预验收计划、竣工验收计划等。

6.4.4.4　深化设计组织与管理

总包利用BIM技术，架起机电扩初设计至施工图设计的桥梁，承担起设计院施工图设计职责。利用云端服务器，建立实时协同的机电BIM工作室，以中心文件为基础，分配工作集，多专业实时作业，实现机电专业间综合，全专业间协调，加快虚拟建造协同效率。

采取"总包主导，统筹分包，辐射相关方"的BIM应用模式。推行和围绕"三全（全员、全专业、全过程）BIM应用"思路，从模型精度、应用维度两方面同步发展，以满足工程不同阶段的BIM应用需求。

通过优化50000余个剖切面方案，调整40万处碰撞，提资定位1100个设备基础，修正一次结构留洞2300余处，修正幕墙板块留洞360余处，设计定位金属检修平台2600m²，确认3000多次业主及顾问漫游，形成了符合设计要求、可检修、易施工、满足后期运维需求的LOD 400精度模型。累计完成模型2051个，模型导出施工图60000余张。

6.4.4.5　接口工序管理

工序识别包括：机电与土建工序、机电与装饰装修工序、机电专业间工序、机电与市政管网工序等。

（1）机电与土建工序识别包括：预留预埋施工配合工序、管井套管直埋配合工序、二次墙体套管直埋配合工序、大型设备运输与二次墙体配合工序、管线安装与二次墙体砌筑配合工序、地下室管线安装与顶棚涂料配合工序、管井管线施工与墙体砌筑配合工序、管线安装与压型钢板防火喷涂配合工序、井槽配管与抹灰见白配合工序、屋面设备管线安装工序、防水部位的机电土建配合工序、市政外网管道安装与土建配合工序、各类机房设备管线安装与土建配合工序等。

（2）机电与装饰装修工序识别包括：管线安装与顶棚龙骨施工配合工序、消防喷淋追位与顶棚施工配合工序、墙面配管与装饰装修施工配合工序、地面管线安装与装饰装修施工配合工序、卫生间洁具设备安装施工配合工序、机电与轻质隔墙施工配合工序、设备层隔热顶棚与管线安装配合工序、后勤区顶棚与管线安装配合工序、设备机房隔声墙隔声顶棚施工配合工序、管线穿幕墙施工配合工序等。

（3）机电专业间工序识别包括：复杂多层管线安装工序、受电与机电系统调试工序、消防与机电系统联动工序、BMS与机电各系统联动工序、机电各系统与室外园林施工配合工序等。

（4）机电与市政管网工序识别包括：给水排水与自来水公司施工配合工序、给水排水与市政排污施工配合工序、给水排水与市政雨水施工配合工序、高压施工与电力公司施工配合工序、智能化与运营商施工配合工序、开挖埋管与路政交警的配合工序等。

6.4.4.6 机电安装组织与管理

1. 机电安装施工区段划分

根据机电工程系统设计及功能分区情况，结合结构工程验收竖向分区，将整个机电工程主要划分为九个施工区：①地下室施工区；②塔楼1~6层施工区；③塔楼7~20层施工区；④塔楼21~32层施工区；⑤塔楼33~45层施工区；⑥塔楼46~58层施工区；⑦塔楼59~72层施工区；⑧塔楼73层至主体顶层施工区；⑨裙楼施工区。机电安装施工竖向分区情况与结构验收区段划分基本一致。

2. 机电安装施工流程

根据招标文件对总工期和节点工期的要求，将整个机电安装工程的施工进程划分为施工准备阶段、土建预留预埋阶段、主体安装阶段、配合装修施工阶段、调试阶段和竣工验收阶段，总体施工顺序为自下而上、分区插入、区内分层流水施工。

3. 机电安装施工组织

根据本工程建筑功能分区和施工总进度计划的安排，机电安装的整体施工依据"分区分层施工、交叉循环搭接、分区分段调试、整体联动"的原则来进行部署。

结构施工阶段，机电专业配合结构施工做好预留预埋，及时穿插施工，保证预留预埋和土建结构同步施工。

地下结构验收完后，首先进行地下室机电系统的变电站、配电房、空调机房、消防泵房及给水排水系统的施工，确保满足后续工程用电、通风和用水的需要，特别是消火栓系统要优先安排施工，以保证满足精装修施工阶段的防火安全要求。

管线安装时按照先主干管和管井，后支管及末端设备的顺序施工。吊顶内主干管在吊顶主龙骨之前施工完毕，水平支管安装跟随吊顶次龙骨施工，并进行相应的调整。为加快机电安装的速度，采用分层、分部位、分段位打压的方式。

塔楼机电安装垂直运输方案：

（1）大型设备利用闲暇时的主体结构施工用塔式起重机吊运到机电施工楼层，在楼层外侧安装吊装平台，吊装平台内设轨道式内卸平台，通过捯链将设备从平台上拉至楼层内。

（2）中小型设备、可拆装设备及构配件利用电梯运输至施工楼层。

（3）竖井内水暖管材通过卷扬机或捯链从首层或中转层吊运到机电施工楼层。

工程正式电梯按结构验收情况分阶段插入安装，每个区结构验收完毕后，开始插入安装通向该区的工程正式电梯，优先安装施工拟使用的正式电梯，为后续施工和工程收尾创造良好条件。

机电系统调试先按地下室、塔楼1~6层等九个分区分别进行系统调试，九个分区全部调试完毕后，再按地下室、办公区、服务式公寓区、酒店区和裙楼区等五个分区进行系统联合调试。

6.4.4.7 小结

超高层建筑机电安装专业门类繁多、系统复杂、实物量大，其安全管理难度同样巨大。认真分析并梳理工程机电安装安全管理的特点、重点与难点，并相应地采取具有针对性的对策、措施。满足复杂精密仪器及设备对安装和综合调试的较高要求，通过了管线密集化布置、管线综合排布技术、支吊架体系和管井内管道施工技术的巨大考验，对成本和工期的严格控制以及多种类专业密集交叉作业，大规模采用先进的智能分析和管理系统，具有极高的施工现场管理水平，形成了全面、丰富且不断完善的成套体系，使超高层建筑的建造质量、效率和运营效能得到最大限度的保证。

6.4.5 超高层建筑幕墙与精装修工程施工组织与管理

1. 技术概况

本工程建筑幕墙与精装修工程由总包与建设单位共同发包，组织联合招标。定标后，专业分包与总包签订"专业分包工程合同文件"，由总包统一进行全面组织管理。鉴于本工程业态齐备，专业工程招定标周期较长，标段划分众多，专业分包众多，设计（含

BIM）、采购、施工、技术、运维等环节计划管理要求高，结合建筑幕墙与精装修工程的专业性管理要求及总包整体管控能力提升，量体裁衣精准实施专业分包组织管理至关重要。

2. 组织架构

基于建筑幕墙与精装修工程同属于建筑装饰装修工程范畴，且建筑幕墙与精装修工程施工有较长的间隔时间，在组织架构中专门设置"幕墙精装专业协调部"，配置设计（含BIM）、施工、技术、项目经理、业内专家组成的专业管理团队，统筹建筑幕墙与精装修工程专业分包的施工组织和日常各项管理工作。项目副经理（装饰）在总包组织架构中为协调部分管领导，协调部配置精装修项目经理和幕墙项目经理负责各自专业工程的组织管理。建筑幕墙、精装修顾问协助推动各项协调管理工作，主要侧重于施工组织和技术协调的全过程督导。现场组织协调根据"业态独立管理"及"建筑结构形式"相结合原则进行区域分段划区管理，设置区域协调经理，配置专业责任工程师，负责现场具体协调管理工作。独立设置深化设计（含BIM）经理，配置深化设计工程师（含BIM），统一负责深化设计及BIM工作的日常组织协调管理工作。

3. 基于里程碑节点的模块计划管理

模块节点计划的编制原则之一为逻辑性，即同一类别关键模块之间紧前紧后逻辑关系应清晰、明了；不同类别模块节点之间因果逻辑关系应符合建设流程，与工程建设实际情况相匹配。通过对建筑幕墙、精装修工程相关里程碑节点梳理形成逻辑关系管理要点和逻辑关系图，把控专业工程关键里程碑节点计划实施。逻辑关系管理要点见表6.4.5-1、表6.4.5-2，逻辑关系如图6.4.5-1、图6.4.5-2所示。

建筑幕墙工程相关节点逻辑关系管理要点　　　　表6.4.5-1

序号	建筑幕墙工程相关节点逻辑关系管理要点
1	开工后进行幕墙招标图纸移交，在规定时间完成幕墙施工单位定标
2	幕墙施工单位进场后，需表皮模型（BIM线模）审批通过，方可展开幕墙视觉、性能样板施工图深化设计。样板施工图报审与材料报审同步进行，样板施工图审批通过，幕墙施工正式展开
3	幕墙施工图深化设计采取"分段、分系统"的方式进行阶段报审。幕墙施工图分段、分系统阶段审批过程中，开始低区幕墙板块吊装（含环轨吊、防护棚搭拆及泛光照明灯具安装）
4	幕墙施工顺序按照低区、高区、塔冠三个阶段划分。低区幕墙板块吊装（含环轨吊安装、防护棚搭拆及泛光照明灯具安装）、高区幕墙板块吊装（含悬臂吊搭拆及泛光照明灯具安装）、塔冠幕墙板块吊装（含塔式起重机架设拆除及泛光照明灯具安装）三个阶段因结构变化及施工高度不同采取措施不同
5	高区幕墙板块吊装（含塔式起重机架设拆除及泛光照明灯具安装）过程中插入擦窗机安装。施工电梯按节点拆除后进行施工电梯占位处幕墙板块吊装（含塔式起重机架设拆除及泛光照明灯具安装），完成幕墙收口施工

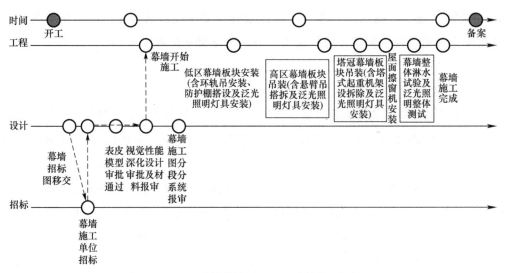

图 6.4.5-1　建筑幕墙工程里程碑节点逻辑关系

精装修工程相关节点逻辑关系管理要点　　　　　　　　　　　表 6.4.5-2

序号	精装修工程相关节点逻辑关系管理要点
1	精装修工程第一条主线为场外精装修样板完成并确认，在土建二次结构砌筑前确定墙体及预留孔洞定位尺寸，避免返工拆改，完成精装修施工标段划分和招标
2	精装修工程第二条主线为精装修单位进场后开始精装修样板深化设计及材料封样报审，通过后组织精装修样板施工，期间精装修样板机电二次管线穿插施工
3	由于超高层材料运输是重点、难点，在精装修深化设计及 BIM 模型审批期间，分批次将精装修大宗基层材料倒运至储存楼层，避免出现材料集中运导致的运力不足
4	精装修工程第三条主线为结合精装修样板施工、材料封样及机电土建已审批图纸和精装修深化设计及 BIM 模型提交，审批通过后作为精装修正式施工依据，开始精装修施工

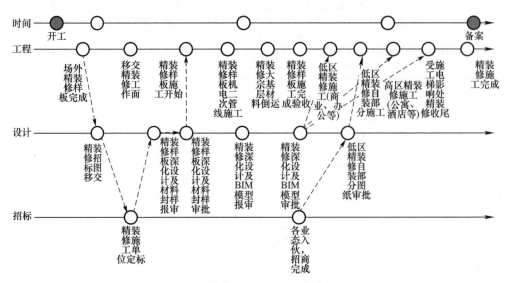

图 6.4.5-2　精装修工程里程碑节点逻辑关系

4. 基于 BIM 的多专业设计协同管理

总包牵头组建"幕墙精装修深化设计 & BIM 工作室",组织专业分包集中办公、集中巡查。统筹制订幕墙及精装修阶段深化设计流程,梳理细化与相关专业深化设计协同流程,编制多专业深化设计 & BIM 协同计划,秉承"无 BIM 不施工"的管理理念,快速解决专业间碰撞和协同施工问题。减少变更,杜绝返工,最大限度实现设计效果。

5. 场内材料组织平面规划管理

1)建筑幕墙工程

协调部与总包计划部根据整体施工部署分阶段进行平面规划,并结合现场实际进行有针对性的规划管理:

(1)幕墙板块申请进场时,需提交场地实时照片,保证申请场地能满足进场板块堆放需求。零星材料进场时,按照总包统一要求提交电梯申请审批单,由总包统一调度安排,确保进场材料及时运至作业楼层。

(2)为避免不利天气对幕墙板块吊装产生影响,确保工期进度,根据建筑结构、结合施工需求,每隔4~6层设置一个幕墙板块临时储存楼层。储存楼层预留机电设备运输通道,二次结构及机电专业暂缓施工,待幕墙安装至此楼层完成板块消化后再进行专业施工。

2)精装修工程

精装修工程阶段由总包牵头制订楼层内场地平面规划,有效避免多专业交叉作业导致的施工降效,最大限度地利用楼层内的有限场地,最大限度地保障施工现场的消防安全、文明施工及职业健康。

6. 幕墙阶段样板组织实施管理

在幕墙正式施工前,分别制作 VMU(视觉样板)、PMU(测试样板)对幕墙的视觉效果、结构性能进行控制。

通过对 VMU 及 PMU 设计、加工、施工、测试过程中出现问题的处理,同步调整完善深化设计图纸。VMU 及 PMU 验收通过后,顾问及建筑师审批确认幕墙施工图纸,最大限度地减少由于深化设计的不确定导致样板反复拆改带来的诸多问题(图 6.4.5-3)。

现场大面积安装幕墙板块前,制作 CMU(质量控制样板),对各道工序施工质量进行控制。经各方联合验收通过后的 CMU,是后期各工序安装及验收的标准。

7. 精装修样板层施工组织管理

精装修工程阶段实行全面样板引路制度,专业分包进场后首先组织实施整层全专业无死角实体样板层,同步执行材料进场验收流程、样板施工质量验收流程、施工工序交接及验收流程等管理程序。精装修样板层不仅是专业分包的实体样板,也是总包对专业分包的施工组织管理样板。

图 6.4.5-3　VMU 及 PMU 实景图

精装修工程作为建筑工程最终呈现饰面效果的专业末道工序，涉及交叉施工的专业多、施工接口多、协调配合多，尤其与机电专业的协调配合非常关键。树立"末道工序统筹前道工序"的组织理念，总包在实体样板层施工前设计多专业协同施工组织流向。在施工组织条件受限的情况下，由精装修专业牵头统筹全专业按照施工组织流向设计组织有序施工。

8. 小结

基于里程碑节点的模块计划管理牢牢把握逻辑性，总包牵头组建"幕墙精装修深化设计 & BIM 工作室"紧跟深化设计流程，探索协同的奥妙，保证了建筑内外部的实用性与美学性，同时兼顾超高层大型建筑内外部环境的特点，达到理想的建造效果。

6.5　项目管理实施效果

6.5.1　工期效益

塔楼地下室结构封顶提前 25d 完成，裙楼结构封顶较计划提前 99d，塔楼核心筒结构封顶较计划提前 38d，塔楼水平结构封顶较计划提前 45d，创造了 2d 一层的超高层核心筒施工新速度，幕墙竣工亮灯较原计划提前 69d，最终提前 113d 完成项目竣工，受到业主高度赞扬（表 6.5.1-1）。

工期效益表　　　　　　　　　　　　　　　　　　　　　　表 6.5.1-1

序号	节点名称	计划完成时间	实际完成时间	提前工期
1	塔楼地下室结构封顶	2015 年 2 月 15 日	2015 年 1 月 21 日	25d

序号	节点名称	计划完成时间	实际完成时间	提前工期
2	裙楼结构封顶	2015 年 9 月 22 日	2015 年 6 月 15 日	99d
3	塔楼核心筒结构封顶	2017 年 1 月 22 日	2016 年 12 月 15 日	38d
4	塔楼水平结构封顶	2017 年 9 月 10 日	2017 年 7 月 27 日	45d
5	幕墙竣工亮灯	2019 年 3 月 10 日	2019 年 1 月 1 日	69d
6	竣工验收	2019 年 12 月 20 日	2019 年 8 月 29 日	113d

6.5.2 质量、安全效益

质量：在公司实测实量质量排名中一直位列前三名，多次在业主方组织的第三方机构质量评比中，位列全国所有工程前三名，获得了业主的大力赞扬。

项目于 2017 年荣获天津市建筑工程"优质结构评价"，同年，荣获中国质量协会"五星级现场评价"，2018 年荣获中国建筑金属结构协会"中国钢结构金奖——杰出工程大奖"等质量大奖，受到业主、监理单位的一致好评。

安全：项目开工以来，未发生一起重大安全事故，事故轻伤率不足 1‰，屡次在公司安全检查排名中取得前三名的好成绩。

于 2016 年获得"天津市市级文明工地"称号，2017 年顺利通过中建总公司 CI 示范工程验收，2018 年获得 ISA 国际安全奖。

附录 设计岗位人员任职资格表

各岗位人员任职资格

序号	岗位	任职资格	设置人数
1	设计经理	要求具有中级职称，有施工图设计经验，专业不限	由总承包牵头单位选派1人，可以由各设计岗位人员兼任
2	设计秘书	土木建筑机电类专业毕业	不限
3	设计总负责人	需具备一级注册建筑师和高级工程师及以上资格	1人，可以由建筑专业负责人兼任
4	设计技术负责人	需具备一级注册结构工程师和高级工程师及以上资格	1人，可以由结构专业负责人兼任
5	专业负责人	一般要求具有高级工程师任职资格，实施注册制的专业要求具有注册资格	每专业各1人
6	设计人	本专业助理工程师资格或工作一年以上	每专业不少于3人
7	校核人	一般要求具有本专业工程师资格	每专业不少于1人
8	审核审定人	一般要求具有本专业高级工程师和注册资格（实施注册制度的专业）	每专业设置审核人、审定人各1人，且不得兼任
9	设计质量管理人员	工程师职称及以上	1人，由设计单位或总承包单位技术质量部门委派
10	设计副经理	工程师职称及以上	1人，由设计单位委派，可以由各设计岗位人员兼任
11	各专业驻场代表	本专业助理工程师资格或工作一年以上	由设计团队各专业选派，每专业至少1人